地質年代表

百万年前

0	新生代	新生代	第四紀	第四紀	2.588	完新世	0.0117
66.0	中生代		新第三紀			
252.6	古生代		古第三紀	新第三紀	鮮新世	5.333	更新世
541.0±1.0		中生代	白亜紀 66.0		中新世		2.588
	先カンブリア時代					23.03	
		原生代	ジュラ紀 145.0±0.8	古第三紀	漸新世 33.9	
			三畳紀（トリアス紀） 201.3±0.2		始新世 56.0	
2500			ペルム紀 252.6		暁新世	
		始生代（太古代）	石炭紀 298.9±0.2		66.0	
			デボン紀 358.9±0.4			
4000			シルル紀 419.2±3.2			
		冥王代	オルドビス紀 443.4±1.5			
4600			カンブリア紀 485.4±1.9 541.0±1.0			

（年代値は，International Commission on Stratigraphy による International Chronostratigraphic Chart（2012）に従った）

Field Geology
2

層序と年代

日本地質学会フィールドジオロジー
刊行委員会　編

長谷川四郎・中島　隆・岡田　誠　著

共立出版

執筆者紹介 （○編集責任者，執筆順）

○**中島　隆**（A-1, A-4, B-4）
　産業技術総合研究所地質調査総合センター

長谷川四郎（A-2, A-3-1〜5, B-1, 2）
　熊本大学大学院自然科学研究科

岡田　誠（A-3-6, B-3）
　茨城大学理学部地球生命環境科学科

刊行にあたって
―本シリーズの刊行目的と読みかたの薦め―

　「フィールドジオロジー（全9巻）」は，地質学を初歩から学ぶための入門コースとして「日本地質学会フィールドジオロジー刊行委員会」が企画したシリーズである．

　地質学への第一歩は野外に出て地球に直接ふれてみることにある．実際にふれるものは岩石や地層であり，鉱物や化石である．また，ある場合には断層や褶曲かもしれない．実際に野外へ出て学ぶ地質学をフィールドジオロジーという．これが，本シリーズの名称の由来である．これまでにフィールドジオロジーの一部を扱った類書が多数出版されているが，フィールドジオロジー全般にわたって総合的に扱ったものは本シリーズが初めてである．

　本シリーズは，地質学や環境科学を学ぶ学部学生，地質学とは専門は異なるが地質学の基本を学びたい大学院生・地質関係実務担当者・コンサルタント等の地質技術者，アマチュアの人たちを対象としている．これまで地質学を学んだことのない方々や文科系出身者にも理解できることを目標にした．また，適当な指導者に恵まれない場合であっても，本書を片手に独学でフィールドジオロジーの基本をマスターできることを目指して企画された．

　本シリーズには，日本の地質を野外において観察するための最も基本的な事柄が網羅されている．初心者にとって読みやすい構成を心がけ，読者が興味にしたがってどの巻から読み始めても，十分な理解が得られるように構成されている．しかし，フィールドジオロジーを体系的に身につけ，将来，専門的な研究や実務に活かそうと希望する方は，ぜひ全巻を通してお読みいただきたい．ここでは，

全巻の内容の紹介とともに，独学でフィールドジオロジーを身につける読み方のモデルを提示した．しかし，必ずしもこの順番にこだわることなく読み進めていただいて結構である．

本シリーズの構成と読み進め方の一例を図1に示す．「基礎Ⅰ」は，堆積岩を中心として，野外地質学の基本である層序と年代について扱っている．初心者にとって比較的入りやすい分野であるとともに，野外地質学の最も基本的な分野でもある．「基礎Ⅱ」は，火成岩と変成岩について取り扱っているグループである．「基礎Ⅲ」は，すべての岩石に共通の地質構造を取り扱う．なお，第7巻の前半分では，地質構造の中でも微細構造について述べているので，第6巻と関連させて読むことが望ましい．読む順番としては，おおむね「基礎Ⅰ」→「基礎Ⅱ」→「基礎Ⅲ」，「基礎Ⅰ」→「基礎Ⅲ」といった読み方を推奨する．「応用」としてまとめられた第4, 5, 9巻の内容は，日本列島の地質の特徴や新しい概念の応用と関連している．第5巻の付加体地質学が理解できないと，日本列島の中・古生界の地質の理解は難しい．また，たとえば新第三系が広く分布

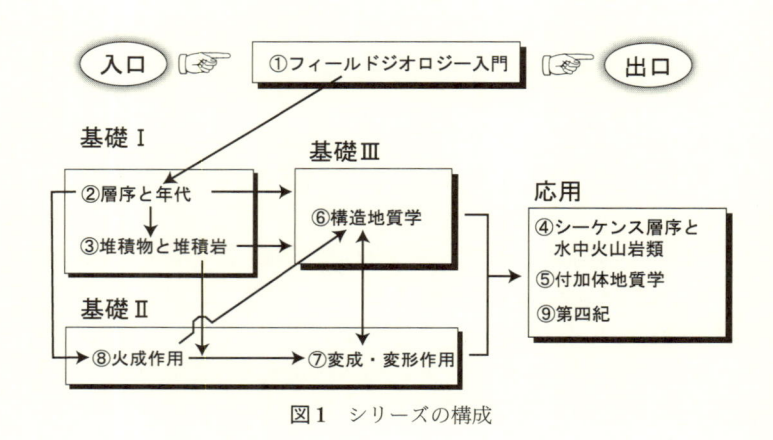

図1　シリーズの構成

している地域では，水中火山岩類の知識が必要不可欠である．火山の多い日本列島の第四系も独特の調査法が必要となる．なお，第4巻のシーケンス層序は，現在，学問的にも応用面でも注目されている課題である．

　本シリーズが，地質関連分野の専門家にとってはより専門的な研究への入り口となり，専門家でない方にとっては地球理解の一助となれば，というのが私たちの願いである．

　　　　　　　　　　　日本地質学会フィールドジオロジー刊行委員会
　　　　　　　　　　　　　　　　　　　秋山雅彦（委員長）
　　　　　　　　　　　天野一男・高橋正樹（編集幹事）

はじめに

　地質学が歴史科学である以上，事象の前後関係を正しく認識することから研究は始まり，地質学が地球の半生をひもとく学問である以上，それぞれの事件が何歳の頃に起こったかを思い出さないと自分史は描くことができない．地球は，自らが育んだ人間という生命体の手を使って，45.6億歳の今，その半生を思い出しながら自分史を書き始めた．人間はそれを地質学という名で呼んでいるらしい．

　　　　　　　　＊　　　　　　　　＊　　　　　　　　＊

　本巻は，地質現象の前後関係を明らかにするための手法である層序学と，それらの現象が地球が何歳のときに起きたかを明らかにする手法である年代学を，それぞれの専門研究者が解説したものである．

　層序学の章は長谷川四郎と岡田　誠が担当した．「フィールドジオロジー」と名づけたこのシリーズの性格を重視し，フィールドワークの基本的な心得と手法を解説した第1巻に続く第2巻として，層序学に用いられる用語の概念，層序をたてるための野外地質調査および大型化石・微化石研究および古地磁気研究の具体的な手法の解説に主眼をおいた．

　年代学の章は中島　隆が担当した．読者の大部分が年代測定技術を開発するより年代データを利用する立場であることを想定し，年代測定の手法・原理を概説するとともに，既版データも含めて年代値の地質学的な意味とその限界，利用上の留意点をくわしく説明し

た．このため，一見両章の記述様式はかなり違った印象を与えるが，フィールド地質学の研究者としてこのような知識体系をもって今後の地質学を支えて欲しいという，執筆者たちの願いをそこからくみとっていただければ幸いである．

　本巻の執筆に際し，内田淳一氏，上岡　晃氏には途中段階の粗稿を校閲していただき，有益な指摘と助言を賜った．また，兼岡一郎，齋藤靖二，斉藤文紀，脇田浩二の各氏から貴重な情報をいただいた．使用した写真の一部は阿部恒平氏，内田淳一氏に提供していただいた．岡本康成氏と高橋正樹氏には未公表の図を提供していただいた．以上の方々に心からお礼申し上げたい．

目 次

A 概説編

A-1 層序学・年代学とは何か　*1*

A-2 層序学の原理　*3*

 A-2-1　地層に残された記録　*4*

 A-2-2　地質現象の前後関係の認定　*6*

A-3 層序モデル　*9*

 A-3-1　地層命名の指針　*9*

 A-3-2　不整合　*12*

 A-3-3　生層序　*13*

 A-3-4　年代層序　*22*

 A-3-5　古地磁気層序と年代　*25*

A-4 地質年代学の原理と手法　*30*

 A-4-1　放射性同位元素と放射壊変　*30*

 A-4-2　質量分析と同位体比　*32*

 A-4-3　放射年代の与える意味　*34*

B 実践編

B-1 岩相層序　*36*

 B-1-1　地域層序の作り方　*36*

 B-1-2　地層の命名　*51*

 B-1-3　広域層序とグローバル層序　*58*

B-2 生層序　*60*

 B-2-1　大型化石　*60*

  B-2-2　微化石試料の採取　*66*
  B-2-3　微化石処理　*84*
  B-2-4　生層序区分の実際　*92*
B-3　古地磁気層序　*104*
  B-3-1　試料採取・整形法　*104*
  B-3-2　採取試料の数　*106*
  B-3-3　古地磁気測定法　*107*
  B-3-4　磁化の種類や性質　*107*
  B-3-5　消磁　*109*
  B-3-6　データ処理　*110*
  B-3-7　フィールドテスト（野外テスト）　*113*
  B-3-8　堆積層の古地磁気学的研究の実際例　*113*
B-4　地質年代学　*117*
  B-4-1　各種放射年代　*117*
  B-4-2　測定試料の選び方と鉱物分離　*138*
  B-4-3　同位体時計のスタートとリセット　*144*
  B-4-4　アイソクロン法における問題　*149*
  B-4-5　放射年代値の数値上の問題　*153*
  B-4-6　年代学と地質学の接点と融合点　*154*

C　文献編　*160*

索　引　*169*

A-1　層序学・年代学とは何か

　地質学の歴史は古く，鉄器時代や青銅器時代にはすでにその鉱石を得るための素朴な地質学があったと考えられている．近代地質学はそういった実利的な目的から離れて，私たちが立つこの大地の成り立ちを知ろうとする，人類の知的好奇心と真理への探求心から出発した．

　当時，黎明期にあったヨーロッパ近代科学は，万物は神が造りたもうたとするキリスト教の教義に対する挑戦であり，本来の研究以外に多くの対外的障害を克服しなければならない難事業であった．その中でも地質学は，その認識基盤から不可避的にノアの方舟に真っ向から弓引かなければならない宿命にあった．ルネッサンス末期の天文学におけるガリレオやブルーノの例を思い出すまでもなく，その苦難は想像に余りある．

　近代地質学は層序学から始まった．その出発点となった地層累重の法則は，今日では自明に思えるが，これこそノアの方舟から実証的自然科学への輝かしい幕開けだったのである．層序学は地層の観察調査からその構造単元を決定し，地層内および地層間の前後関係，形成環境を明らかにするものである．各層準の形成時期は，当初はそこに含まれる化石によって推定された．化石による時代区分は研究の発展に伴って精度化され，その後導入された新しい研究手法や分類尺度によってさらに詳しく細分化されてきている．

　それらの時代区分に年代の目盛を入れる作業が始まったのは，それから長い時を経て 20 世紀になってからである．放射性同位元素の壊変を利用した地質試料の年代測定が可能になり，地球の歴史が

年表の形で描かれるようになった．地球が誕生したのが45.6億年前であることは今では一般常識となっているが，それがわかったのはわずか50年前のことである．

　放射性同位元素を用いた，いわゆる放射年代は，基本的にマグマなど高温の物質から生成した岩石・鉱物について求められるが，化石を含む堆積岩などは通常その対象にならない．しかし，放射年代が求められた岩体との貫入関係や不整合などの野外地質学による情報と合わせることにより，その堆積岩の形成年代も上限と下限を与えて制約できる場合があり，相対的年代尺度の要所にタイムマーカーを付して実効絶対年代尺度として使われるようになる．

　このように層序学と年代学は，相対年代学としての層序学と，絶対年代学としての年代学という相補性により，地球の歴史を語る際の両輪として地質学の根幹を支えてきた．地球の歴史，生命の歴史，そして私たち人類の歴史につながる大きな物語絵巻を描く使命を与えられている地質学の中で，この役割は今後も変わることはないであろう．

A-2　層序学の原理

　層序学（stratigraphy）は,「地殻を構成するすべての岩体」を記載し, 固有の特性や属性にもとづいて, それらを特徴的で有用な層序単元に整理する科学である. その手順には, 単元の記載・層序区分・命名と, 単元相互の時間空間的関係を明白にするための対比などがあり, また単元はさまざまな目的に沿って作成する地質図において表現が可能なサイズである（日本地質学会　訳編, 2001）.

　層序学の研究対象は, 伝統的にはおもに地層とそれを構成する堆積岩類である. また, それに接したり貫入する変成岩類や火成岩類は数量的地質年代の情報源となったり, 境界関係が堆積岩類の形成や変形時期などの年代を考察するうえで重要なので, それらも層序学の対象となる. しかし, 変成岩類や火成岩類についてのフィールドワークには, 一般の堆積岩類と異なるところが多いので, 本シリーズでは第7, 8巻で取り上げており, ここでは堆積岩体を中心に述べる. また, 堆積岩類よりなる複合岩体についても, 同様の理由から第5, 6巻で詳細に紹介される.

　なお, stratigraphy に対応する用語として,「層序学」と同じ意味で「層位学」が用いられることもある.「層序」が地層の重なる順序や重なり方を指すのに対し,「層位」には, 層準（horizon）と同義で累重する一連の地層における特定の位置を指す意味がある. 木村ほか編（1973）は「層位学」には, 対比を主目的とするニュアンスがあるとしている.

A-2-1 地層に残された記録

地層にはさまざまな地質現象の記録が残されている．それは堆積岩あるいは未固結堆積物を構成する堆積物粒子の起源に関するもの，それらの粒子が供給源から運搬されて最終的な堆積場に沈積するまでの過程，ならびに堆積後に堆積岩となる続成作用（diagenesis）にかかわるものなどである．

堆積物粒子の起源やその形成・運搬にかかわる因子などを表A-2-1に示す．岩石の物理的・化学的な風化によって生成される砕屑物はおもに山岳地帯や砂漠，あるいは岩石海岸などでつくられる．その生成には乾燥気候や昼夜の温度差，氷結，波浪などの気象・海象条件が大きく作用する．生物の遺骸（すなわち化石）も堆積岩の重要な構成要素で，化石自体が気候・地形といった生物が生息していた場所の環境を指し示す．

表 A-2-1 堆積物粒子の起源とそれに影響を及ぼす環境因子ならびに運搬媒体

	起源	環境因子	運搬媒体
陸源	岩石の風化	気候（地理的位置；気温変化，二酸化炭素，水）	河川，氷河，気流；重力流
火山起源	火山放出物	マグマ特性，噴火様式	噴火，重力流；気流，河川，海流
生物源	生物の硬組織	気候，地形	気流，海流，河川
化学源	化学的沈殿物	気候；化学的環境	（自生）
宇宙起源	宇宙塵，隕石等飛来物質の衝突生成物		

生成された堆積物粒子は水流または気流によって運搬され，最終的に水圏または気圏の底（つまり，湖底・河床・海底または陸上）に堆積する（表A-2-2）．その過程で，たとえば砕屑物は運ばれるにつれて次第に細かく砕かれる一方で，河川水の流速に応じた運搬力の差により，粒径ごとに異なる距離まで運搬される．その結果，

湖沼・扇状地・平野といった地形や運搬距離に応じて粒子のサイズ構成や配列などに特有の形態が記録される．また沿岸域では，河川や岩石海岸から供給される砕屑物が波浪・潮汐流・沿岸流などによって繰り返し堆積・侵食作用を受けて，海浜・砂州・潟などさまざまな地形をつくるとともに，漣痕・流痕など堆積場に応じた多様な堆積構造を形づくる．

表 A-2-2　堆積物の形成環境

陸域（陸成堆積物）
山麓，傾斜地，砂漠，
河川（河谷，扇状地，平野），氷河末端，湖沼，洞穴
汽水・沿岸域（汽水成堆積物，沿岸堆積物）
河口，三角州，海浜，潟，礁
海域（海成堆積物，遠洋性堆積物）
浅海（陸棚），半深海（大陸斜面），深海（深海底，海溝）

　一方，深海底の堆積物は遠洋性軟泥と呼ばれる．その主要成分は表層から深層に生息する種々の微小なプランクトンの遺骸で，生物の死後に海底に沈積したものである．軟泥の性質は気候帯や海流の状態など海域の環境に応じて生息するさまざまな生物の分布を反映する．陸域に近い海洋底では，陸源砕屑物と軟泥が入り混ざった半遠洋性堆積物が形成されるほか，**タービダイト**（turbidite，堆積物粒子と水が混ざった高密度の流体が混濁流となって海底斜面を流れ下って堆積したもの）等の重力流堆積物も多くなる．後者の頻度や規模は後背地からの供給量の変化，あるいは海底地震や火山活動など陸棚縁辺域に影響を与える変動の反映でもある．

　陸源の砕屑粒子は大気の運動によっても運搬される．大陸内部の砂漠で生成される細粒な粒子や火山から放出された火山灰は，地上風や偏西風のような高層の気流に乗って数千 km も運搬される．その粒子のサイズ分布や量は高層気流の流路や強度と密接な関係に

あることから，大気大循環といった地球規模の環境要素を探る手がかりとなりうる．

さらに，一枚の地層の内部は，構成する粒子の大きさや形態などの特性が均質あるいは一定の傾向を示す．後者の例として，土石流のように礫から砂・泥までさまざまなサイズの粒子が乱雑に入り混じったまま瞬時にたまったものや，タービダイトのように上方細粒化を示す**級化成層**（graded bedding）をなすものがある．また，単層内にさらに細かな縞模様（これを**葉理**（lamina）と呼ぶ）をもつものもある．これには層理面に平行な場合（平行葉理）と斜交する場合（斜交葉理）がある．ともに堆積物粒子を運ぶ水や風の流れの中で，その運搬量や流速の変化によって生じる．また，葉理構造をもつ堆積物が，底生生物が作る巣穴によって壊されたり，さらに多くの生物活動により元の構造が完全に消し去られてしまうこともある．

このように，堆積岩（物）ないし地層は，それが形成された場所の環境や堆積物粒子の起源となる地域の状況，運搬過程やその経路付近の様子などを記録しているほか，実体が残り得ない過去の海洋や大気などの様子を探る手がかりをも残している可能性がある．

A-2-2 地質現象の前後関係の認定

温暖で湿潤なわが国では，地表は土壌や植生で覆われている．そのため，層序学の調査・研究の対象である岩体は海岸や沢筋，尾根や山腹の崖，道路の切り割り，採石場など，限られた場所にのみ顔（頭）を露出している．これを**露頭**（outcrop）という．そこでは，成層した堆積岩類が観察されることも多い（図 A-2-1）．そのような露頭の表面で，層の一枚一枚を区切る線状の構造を**層理**（stratification）と呼ぶが，それは層と層の境界面，すなわち**層理面**（bedding plane）の露頭表面への表れである．また，上下を明

図 A-2-1 露頭．a：姫浦層群の砂岩泥岩互層（白亜系；熊本県天草），b：Pili 層の硬質泥岩層とノジュール（始新統；北サハリン），c：Upper Dujask 層の貝化石層（中新統，南サハリン），d：塩田層の層内褶曲（漸新統，長崎県大島）．（長谷川撮影）

瞭な層理面で区切られた堆積岩（または堆積物）の層を**単層**（bed）と呼ぶ．

　層理面は堆積の中断や堆積場の状態変化によって生じる．それは供給粒子の質や量，あるいは運搬過程の変動などによるかもしれない．土石流やタービダイトは1回の活動ごとに1枚の単層を形成する．その単層の拡がりは水平的に数十 m から数十 km に及ぶこともある．これに対して深海底では，マリンスノウがゆっくりと弛まなく沈積し，広い範囲にわたって同質の軟泥や深海粘土を形成している．また，海浜で見られるように，細粒砂が卓越する浜で，局所的に礫や貝殻が密集した層が形成されることもある．このように，

単層の厚さや拡がりは堆積場や堆積機構の違いにより大きく異なる．

いずれの場合においても，堆積物はその粒子が重力の作用を受けて水圏または気圏の底に沈積したものであり，新しい堆積物はそれ以前に堆積したものの上に順次積み重なる．単層についても同様で，新しい単層はそれ以前に形成された単層の上位に重なる．すなわち，「一連の重なり合った地層では，上位の地層はそれを乗せている下位の地層より新しい」という**地層累重の法則**（law of superposition）が成り立つ（第1巻，p.125参照）．これは層序学のもっとも基本となる原理である．また，「水成の堆積層は本来ほぼ水平に堆積する」という**初源水平の法則**（law of initial horizontality）も基本的な原理である．実際の海底では，堆積物の表面は漣痕や部分的な侵食もあって必ずしも平坦ではない．しかし，広い目で見ると，とくに細粒砂より細かい堆積物では，全体として水平に近い状態で堆積している事実がある．

地層累重の法則が成り立つことから，地層を下位から上位に向かって観察する場合に，地層（あるいは堆積岩）が保存しているさまざまな地質現象の記録を，時間の流れに沿って順に読み取ることが可能となる．

しかしながら，地層の上下の関係は常に自明であるとは限らない．とくに本来はほぼ水平にたまったはずの地層が，垂直に近く傾いているときは，本来の上位方向を確認する必要がある．また，地質構造が複雑な地域では，水平に見えている地層でさえも横臥褶曲の一部で上下が逆転している可能性があるので，地層の上下判定が必要となる（地層の上下判定法については，実践編B-1で述べる）．

A-3　層序モデル

　地殻を構成する岩石を，岩相上の特性とその層序関係をもとに記載し系統的に整理することにより，いくつかの単元に区分・命名することを**岩相層序区分**（lithostratigraphic classification）という．

　地表を踏査し，地層の上下関係を確かめつつ，各単層の岩相や堆積構造などの特性，下位層との境界面，層厚とその側方変化等を記述し，それを下位から上位に順次積み重ねていくと，**地質柱状図**（columnar section）ができあがる．さらに，隣接する露頭との関連性を検討し，それを調査地域全域に拡大することにより，調査地域の岩相分布図ができあがる．

　しかし，岩相分布のすべてを書き表すのは，いくら縮尺の大きな地形図を用いても不可能である．そこで，地形図に書き表すことができるように，累重する地層を岩相の共通性でくくって層序単元としてまとめる．また，それによって岩相の大局的な変化を表すことができる．このような図を**地質図**（geologic map）という．産業技術総合研究所地質調査総合センター（旧，地質調査所）発行の5万分の1地質図幅はその代表的な例である．地質図には地表における各層序単元の分布と，それらの層序関係および地質構造や化石の産出が示される．また，地質年代区分なども表現される．

A-3-1　地層命名の指針

　地質図に表す層序単元には，固有の名称が与えられる．その際，調査する人によって命名の方法が違ったり，同じものに異なる名称が付されたり，別のものに同一名称がついたりすると，後にその成

果を利用する場合に混乱が生じやすい．そこで，そのような事態を避けるため，命名に関する基準が定められてきた．わが国では，1952年に日本地質学会により地層命名規約（以下，『規約』と記す）が制定された．しかし，実用上の混乱があったのと，地層命名に関する国際的な検討が進んだことから，『規約』に代わるものとして2000年に日本地質学会地層命名の指針（以下，『指針』と記す）が作られた．これは，**国際地質科学連合**（International Union of Geological Sciences；IUGS）傘下の**国際層序委員会**（International Commission on Stratigraphy；ICS）の中に置かれている**国際層序区分小委員会**（International Subcommission on Stratigraphic Classification；ISSC）による国際層序ガイド第2版（Salvador, 1994；日本語版は日本地質学会 訳編，2001；以下，『層序ガイド』と記す）に沿うものである．この『指針』は先取権の尊重と，地層の名称に関する混乱を排除するのが目的であることから，今後の調査・研究ではこれに沿った公式層序単元の使用が望まれる．

以下では，公式な層序単元の設定に関する概要を『指針』をもとに述べる．なお，命名に関する具体的な事項は実践編（B-1-2）を参照されたい．

層序単元が「公式」として認定されるには，適切な単元用語を使用して，定式化した層序区分体系に従って定義・命名し，公式に認知された科学情報媒体上に公表する必要がある．

公式な科学情報媒体とは，定期的に出版される科学雑誌，単独の出版物や不定期の出版物などである．それに対し，手紙，一般には入手しづらい社内報，オープンファイル，非出版の講演，修士論文・博士論文，新聞・商業雑誌，参加者のみに配布される巡検案内書などは非公式な情報媒体である．

岩相層序区分の公式な層序単元は次のような階層構造をもつ．

高次 **層群**（group）：2つまたはそれ以上の層をまとめたもの
　　層（formation）：第一義的な岩相層序単元
　　部層（member）：層の中でとくに命名された部分
　　単層（bed）：層または部層の中で他から明確に区分され，命名
低次　　　　　　　　された層

　以上のうち，「層」はもっとも基本的な公式単元で，岩相の特性と層位的位置に基づき認定される．「層」には厚さの制限がなく，1 m 未満〜数千 m の幅があり得る．ただし，地質図や断面図に線でしか表現できない「層」は正当かもしれないが，そのような薄い層序単元を多数作り出すのは望ましくないとされている．

　「部層」は「層」のすぐ下の単元で，岩相上の特性により隣接部分から区別され，「層」の部分として認定される．「単層」は，もっとも低次の公式岩相層序単元である．鍵層のように，層序学的目的に有効な単層または単層群にだけ固有の名称が与えられる．これらのほか，〇〇火砕流堆積物，××軽石流堆積物，△△岩屑流堆積物なども単層と同じ最小単元として扱われることがある．

　「層群」は「層」より高次の公式単元で，岩相の特性が共通する2つ以上の隣接ないし関連する「層」の集合体である．1つの「層」を「層群」としてまとめる必要はなく，ほかに構成する「層」がないのに，将来の研究を期待して「層群」を設定するのは避けるべきである．なお，明確な目的にかなう場合にのみ，いくつかの「層群」をまとめて「**超層群**（supergroup）」を，あるいは「層群」を細区分して「**亜層群**（subgroup）」を設定することができる．ただし，わが国では「**超層群**」に相当する層序単元として，多くの場合「**累層群**」の語が用いられてきた（B-1-2 を参照）．

　以上の階層構造のほか，火成岩類，変成岩類，複合岩体なども公式な層序単元である．

A-3-2 不整合

「層」を構成する各単層は，一定の条件下で一時的な中断があったとしても，ほぼ連続的に堆積したものである．これに対し，岩相の変化によって認識される「層」と「層」の境界は，堆積物の供給や堆積環境の変化を示唆する．その変化は短期間のできごとのことであるほか，たとえば海底で形成された地層が陸化して，風化・侵食作用により削剥されたのち，再び沈降して侵食を免れた古い地層の上に新しい地層が形成されるというように，重なり合う2つの地層の間には長い時間間隙があることもある．後者のような層序関係を**不整合**（unconformity）といい，両層の境界面を不整合面と呼ぶ．反対に，両層の境界に時間間隙がほとんどない層序関係を**整合**（conformity）という．

不整合は，境界面を挟む上下の岩層の構造の違いにより，4種類に区分されている（図A-3-1）．

傾斜不整合（angular unconformity）：不整合の上下の層理面が斜交し，下位層の層理面が上位層に切られている不整合で，上位層の堆積前に下位層が傾動または褶曲活動による変形と削剥を受け

図 A-3-1 不整合．a：犬飼層（白亜系）と阿蘇4火砕流堆積物（第四系）の傾斜不整合，b：日南層群（始新統）と宮崎層群（中新統）の傾斜不整合．（長谷川撮影）

たことを示す．斜交不整合ともいう．

- **ノンコンフォミティー**（nonconformity）：**無整合**ともいう．深成岩類や変成岩類を非変成の堆積岩が覆う場合，境界付近には下位層の風化残留物（花崗岩ではマサと呼ばれる）が介在する．
- **平行不整合**（parallel unconformity）：上下の地層の層理面が平行だが，下位層が顕著に削剥されている不整合．『層序ガイド』の非整合に含められる．
- **パラコンフォミティー**（paraconformity）：上下の地層に構造上の違いがなく，境界面も上下の層理面に平行な不整合．両層の不連続は年代の違いによってのみ確認されることもある．『層序ガイド』や斎藤（1978）ではこれを準整合と呼んだ．ただし，国内では準整合はダイアステム（diastem）とほぼ同義として使われることがある（地学団体研究会，1996）．
- **非整合**（disconformity）：『層序ガイド』では平行不整合（上記）の意味で用いている．また，平行性は地域的に限られ，広域的には下位層の削剥や上位層のオンラップによる斜交関係があるとしている．これに対し国内では，非整合を海底侵食や無堆積などによる小規模で時間間隙の短い不連続面を指す場合もある（地学団体研究会，1996）．ただし，その場合はダイアステムと同義となり，不整合には含まれない．

A-3-3 生層序

累重する地層をその中に含まれる化石種の分布にもとづいて層序単元に区分・編成することを**生層序区分**（biostratigraphic classification）という．これは，**岩相層序**（lithostratigraphy）が岩相の分布をもとに区分されるのと同様である．ただし，岩相層序のほうは岩石（おもに堆積岩）の特徴をもとに地層を区分するので，野外において直感的に理解できるのに対し，化石は特定の岩相

に偏在する傾向があるので，**生層序**（biostratigraphy）のほうはどこでも結果が得られるというわけではない．その反面，化石が地質時代の生物の遺骸であることから，岩相層序にはない下記のような利点がある．生物は地質時代を通じて反復することなく進化を遂げており，その記録は地層中に残されている．その結果，特定の化石はある一定の時代の地層にのみ含まれるので，1つの地層を含有化石によって上・下の地層と区別し，時代を決定することができる（化石による地層同定の法則，第1巻, p.128 参照）．また，生物は多様性に富んでおり，特定の生物はある一定範囲の環境条件に好んで生息し，さらに，その生息範囲は種や時代によって異なる．

（1） バイオゾーンと生層準

生層序区分の単元は**バイオゾーン**（biozone）である．また，あるバイオゾーンを細区分する場合は**亜バイオゾーン**（biosubzone）を用いる．なお，一般的な用語として biozone は biostratigraphic zone の短縮形で，それぞれの訳語として「生帯」・「生層序帯」が提唱されたが（地学団体研究会 編, 1996），「化石帯」のほうが一般的に使われている．

生層序学的特性が大きく変化する層序的な境界面を**生層準**（biohorizon）と呼ぶ．初産出（産出最下限），終産出（産出最上限），産出量の変化層準，および有孔虫の巻き方向の変化のような個々の**タクソン**（taxon, 複数形は taxa；固有の性質・特徴によって他から区別されて，特定の種・属または科などの階層に位置づけられ，命名された生物の分類群のこと）の特徴的変化などがこれにあたる（図 A-3-2）．従来，層準，レベル，**基準面**（datum），**初出現面**（first appearance datum, FAD），**最終出現面**（last appearance datum, LAD）などと呼ばれたものも生層準にあたる．

（2） 生層序単元の種類

地層の生層準分帯はさまざまな化石群によって設定できる．ま

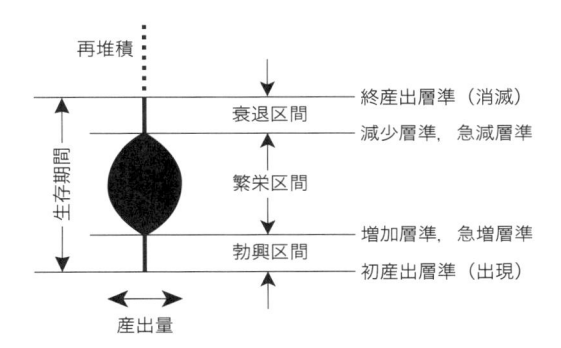

図 A-3-2 化石の産出状況の層位変化と生層準（Maruyama, 1984 を改編）．化石産出の有無で確認される生層準は，古生物の出現・消滅イベント（括弧内）と一致するとは限らない

た，用いる種類によってバイオゾーンは異なる意義をもち，状況に応じた有用性をもつ．バイオゾーンには以下の6種類がある（図 A-3-3）．なお，これらには，階層的な意味はない．

1：**区間帯**（range zone） 化石群集から選択された1つまたは複数の種類の産出区間を表わす地層体．"区間"は層序的拡がりと地理的拡がりの両者を意味する．以下の2種類がある（化石の種類は種・属・科・目など，どの階層のタクソンでもよい）．

- 1-1：**タクソン区間帯**（taxon-range zone） 特定のタクソンの化石が産出する層序的・地理的区間の地層体．そのタクソンが同定されるすべての層序断面の区間の総体．
- 1-2：**共存区間帯**（concurrent-range zone） 選択された2つのタクサの区間帯が重なり合う区間が示す地層体．境界は各層序断面内で，より上位まで産出するタクソンの層序的な最下限と，より下位から産出するタクソンの層序的な最上限．

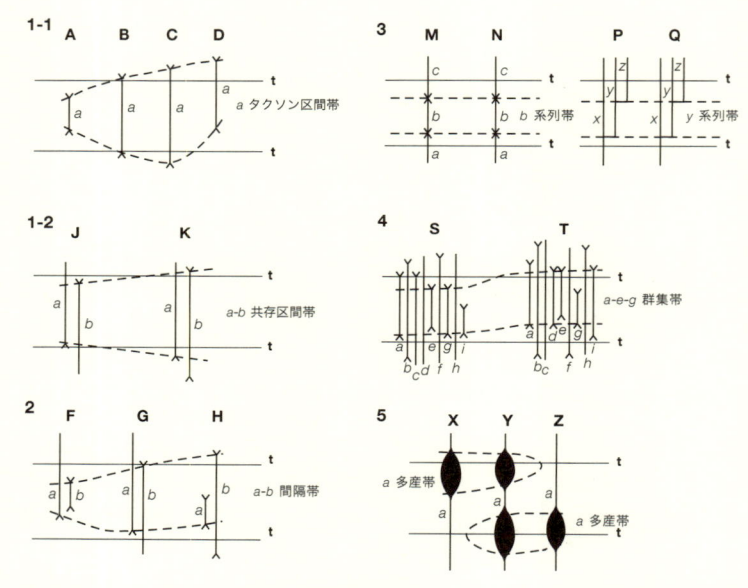

図 A-3-3 バイオゾーン．1：区間帯（1-1：タクソン区間帯，1-2：共存区間帯），2．間隔帯，3．系列帯，4．群集帯，5：多産帯；A〜Z：セクション，a〜z：個々の種．（日本地質学会（編），2001 に加筆）

2：**間隔帯**（interval zone）　特定の2つのタクサに挟まれた化石を含む地層体．境界はバイオゾーンを定義するために選定された生層準．

3：**系列帯**（lineage zone）　進化系列の特定区間を代表する化石を含む地層体．境界は進化系列内のあるタクソンの全産出区間，あるいは枝分かれした子孫タクサの初出現層準と，その子孫の初出現層準の直下．

4：**群集帯**（assemblage zone）　3つ以上のタクサの組合せで特徴づけられる地層体．境界は，群集帯を特徴づける化石群

集の産出限界を示す生層準.
 5：**多産帯**（acme zone）　特定のタクソンまたは複数タクサが層序的に隣接する部分よりも明瞭に豊富に産出する地層体. 連続性が乏しく，また，層序的に繰り返し現れる可能性がある．アクメ帯，ピーク帯とも呼ばれてきた．

(3) 微化石と大型化石

化石の大きさは，大型の恐竜やクジラからバクテリアまで多様である（図 A-3-4）．野外において，肉眼で確認することができるサイズの化石は**大型化石**（megafossil）と呼ばれる．それに対して，形態を認識するのに顕微鏡を必要とするくらいに小さな化石を**微化石**（microfossil）と呼んでいる．その多くは大きさが約 1 mm～数 μm の堅い殻をもつ海生の浮遊性原生生物であるが，底生や淡水性の原生生物，陸源の花粉・胞子，節足動物の貝形虫（介形虫，貝形類，貝虫類ともされる），原始的な魚類の消化器官と考えられているコノドントなども含まれる．

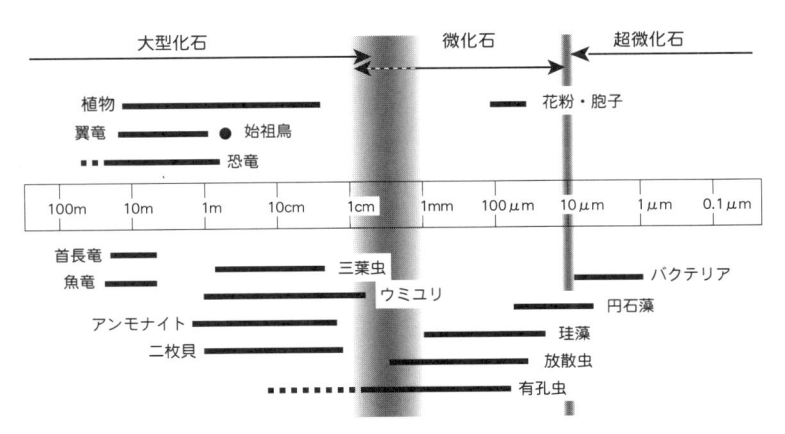

図 A-3-4　さまざまな化石の大きさ

微化石はサイズが小さいためその形態を野外でほとんど視認できないものの,産出する個体数が多いという特徴がある.とりわけ深海底の堆積物は,構成粒子のほとんどが微化石からなっており,石灰質ナンノ化石(ココリス)は耳かき1杯に数万個体が含まれるといわれている.そして,微化石は海成層であればほぼ連続して産出することから,深海底調査などでボーリングや柱状採泥器で採取するコア試料や,石油探査で採取するカッティング試料などからも,統計解析に耐えるに十分な量の個体数を得ることができる.また,多くのプランクトンが広い分布範囲をもち,進化速度が速いことから,示準化石として利用価値が高い.また,ベントスについても,プランクトンと同様に個体数が多いうえに,多様な種がそれぞれ特定の環境に生息し,しかも生存期間が長いことから,示相化石としての価値がある.

微化石に対して,大型化石は一般に産出が稀である.比較的よく産出する貝化石でも,局所的な密集層を形成する場合が多いので,生層序区分の対象として地層を連続的にとらえて検討することは事実上むずかしい.その反面,大型化石には微化石にない利点が多い.たとえば,現地の露頭観察により,大型化石は現地性・異地性の区別をすることができるが,微化石で現地性であることを直接的に判定することはできない.また,大型化石は個体サイズが大きいゆえに,マクロからミクロまで多様な視点での観察が可能であるのに対し,微化石では形態の観察方法が限定される.すなわち,サイズが小さいことは微化石の最大の弱点でもある.さらに,地下水の影響や風化の過程で石灰質殻が溶解することがある.大型化石では溶けかかった個体でも肉眼で種を同定することができ,たとえ溶け去った場合でも,石膏やプラスチック素材による型取りによって,もとの形態を知ることができる.それに対して微化石の場合は,個体が小さいゆえに溶脱しやすく,型取りは容易でない.

これまでに，生層序区分に使われた化石には以下のようなものがある（下線で表わしたものが微化石）．

陸域　　　　哺乳動物（骨格，歯），植物（葉，<u>花粉・胞子</u>）
海域
プランクトン　原生生物（<u>有孔虫</u>，<u>放散虫</u>，<u>珪藻</u>，<u>石灰質ナンノ化石</u>，<u>渦鞭毛藻</u>，<u>珪質鞭毛藻</u>）
ネクトン　　　魚類（<u>コノドント</u>）
ベントス　　　原生生物（<u>有孔虫</u>；フズリナを含む），筆石，刺胞動物（サンゴ），棘皮動物（ウミユリ，ウニ），腕足類，節足動物（貝形虫，三葉虫），軟体動物（二枚貝，巻貝，オウムガイ，アンモナイト，ベレムナイト）

いずれも，ある一定の時代の地層から，かなりの頻度で産出する種類である．

地球上には，多様な生物がさまざまな環境条件下で，それぞれにとって好適な環境に生息している．海域では，海底に生息するベントス（底生生物）は海水の特性や，水深とそれに伴う物理化学的性質，海底地形，水流など多くの制限要因に影響されるので，分布範囲の狭い種が多い．それに比べて，海洋の表層部や水中に生息するプランクトン（浮遊性生物）やネクトン（遊泳性生物）は，主として海流（水塊）の特性に規制されるので，生息する範囲の広い種が多い．

（4） 生層序と微化石年代

生層序区分は，地層の時代的区分や他地域との年代対比を目的とする場合が多い．そのため，区分に用いるタクサは多産する生物群の中でも，分布が広く生存期間が短い種類が適している．そのような化石は**示準化石**（index fossil）と呼ばれている．反対に，生息する環境が狭い範囲に限定される種類は，過去の環境（古環境）を推定する手がかりとして役立つ．これを**示相化石**（facies fossil）

というが，生存期間の長い種類ほど応用範囲が広く有用である．

生層序区分として，かつてはフズリナ，腕足類，二枚貝，アンモナイトなどの大型化石や底生生物化石が多用されてきた．最近では，放散虫や有孔虫で代表される浮遊性微化石によって，古生代から第四紀に至る各時代の海成層について，細密な地層区分が実現されている．これは先にも述べたように，浮遊性微化石類には分布範囲が広いうえ進化速度の速いものが多いことから，示準化石の条件によく適合するからである．

さらに加えて，進化系列が認定された種群に関する初出現層準のように，時間面に一致すると見なしうる生層準が確認され，国際的対比が可能になっている．それ以外の生層準についても，進化的初出現層準との比較によって，等時間面にほぼ一致すると見なせる例も多く見いだされている．さらに，等時性を検証するため，古地磁気層序（A-4に後述）との複合的層序が検討されている．その結果，国際的対比の基準となる生層序区分の表が，浮遊性微化石群の各種について，あるいはそれらの複合層序として提案されてきた．

ただし生物の分布には，多かれ少なかれ限界がある．熱帯域のプランクトンは極域に生息しないし，暖流域と寒流域では生息する種群は異なる．また，日本付近のような中緯度域では，地球規模の気候変動に伴って，暖流と寒流の境目が南北に変化するので，その地域に特有の生層序区分表が必要になる．図A-3-5は日本付近の新第三系に適用される標準的な生層序区分である．

通常，生層序区分表には年代値がつけられている．それをもとに，各層序断面で確認した微化石生層準の年代を読むことによって地層の堆積年代を推定できる．それを**微化石年代**（microfossil biochronology，または単にbiochronology）という．これは，深海底堆積物のように連続的な堆積が期待できる地質断面の場合に，2つの生層準によって時間目盛りが入れられると，その間の区間も

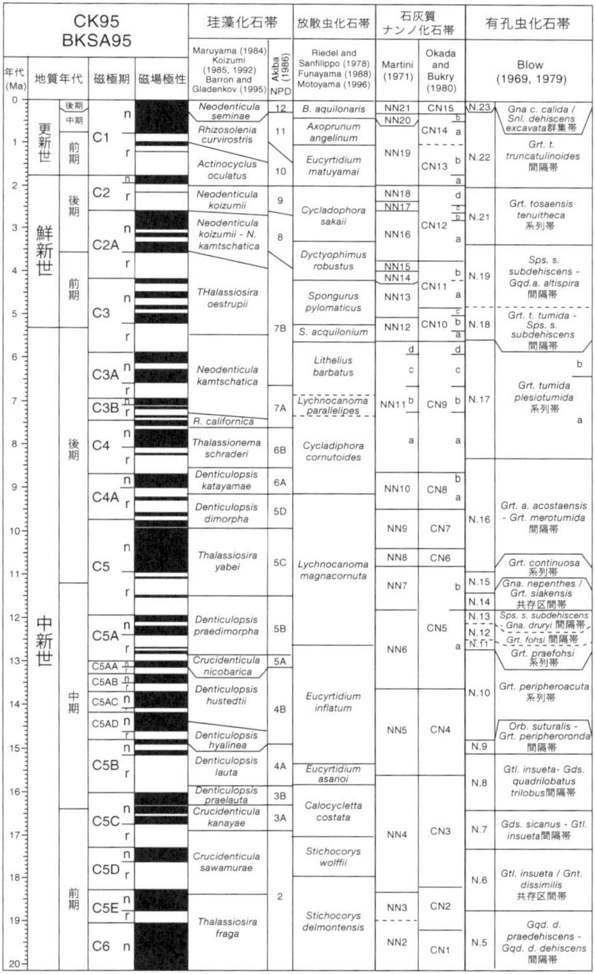

図 A-3-5 新第三紀微化石層序区分（斎藤，1999を簡略化）．有孔虫化石帯のみ，単元の正式名称を日本地質学会編（2001）にもとづき加筆（B-2-4 生層序区分の実際，参照）

比例配分によって連続的に年代を入れることができるという利点がある．

しかし微化石年代を利用するときには，年代の認定に生物を使っていることと，それゆえに相対的年代であることを念頭に置く必要がある．すなわち，生物分布に時間的空間的な限界があることから，特定種の生存期間には地域による時間差が生じる．また，化石の保存状態が局地的に悪化すると，初産出が実際よりも上位の層準になったり，終産出層準が下がるなど，生層準の位置が産出状況に左右される可能性がある．

多数の微化石生層準が認定され，層序区分がいくら細かくなっても，生層準が相対的な順序のみを示すことに変わりはない．特定の生層準がある絶対的な年代を表わすといえるのは，その生層準が放射年代測定（A-4，B-4に後述）により年代の決定された凝灰岩層や古地磁気極性の変化層準などとの層序関係を厳密に把握できた場合だけである．

A-3-4 年代層序

地殻の岩石をその形成年代にもとづいて層序単元に区分し体系化することを**年代層序区分**（chronostratigraphic classification）という．これは岩相層序区分が岩相の特性によって，また，生層序区分が含まれる化石の特徴によって地層を区分するのと同様の手法であるともいえる．しかし，年代層序区分は時間という抽象的な特性を扱うという点が決定的に異なっている．年代層序の場合，地層は概念的なものを具体的に理解する目安として重要な役割をもつ．

年代層序区分の目的には，局地的な地層の年代対比や相対年代の決定と国際標準年代尺度の設定の2つがある．前者は地域地質学・広域地質学に重要な貢献を果たす．後者は地殻を構成する岩石の年代を表わしたり，すべての岩石を地球史に関連づけたりするための

標準的な枠組みとして役立つものである．

表 A-3-1 は年代範囲を表わす公式の層序単元と対応する地質年代の用語である．系以下および紀以下の階層は，必要なら補助的な階層区分として「亜」および「超」を用いてよい．年代層序単元内の位置は最下部・下部・中部・上部・最上部のような形容表現で示すが，一方，地質年代単元内の位置は最前期・前期・中期・後期・最後期のように時間的な形容表現で表わすべきである．

表 A-3-1　年代層序の公式単元と対応する地質年代

年代層序	地質年代
累界 (eonothem)	累代 (eon)
界 (erathem)	代 (era)
系 (system)	紀 (period)
統 (series)	世 (epoch)
階 (stage)	期 (age)

層序単元の境界は年代層準で，**指標** (markers)，marker horizons，指標層 (marker beds)，**鍵層** (key beds)，key horizons，datums，levels，時間面などとも呼ばれる．それはどこでも同一年代を示す層序面または境界面であり，理論的には厚さがない．しかし，本質的に同時的で，年代対比層準を構成する非常に薄い区間に対しても適用される．なお，生層準，炭層，磁場極性逆転層準，地震波反射面など，時間的意味をもつ層準は年代層準ではない．

一般に使用される国際標準年代層序（地質年代）尺度と数値年代の例を前見返しに示す（この年代表とその有効性については B-4-6(1)に詳しく説明されている）．表に示されたものより低次の単元については，名称が国際的に統一されていない．「階」は標準的な年代層序の体系内で最小であり，基本的な実用単元である．「階」〜「系」は境界模式層により定義される．境界模式層の要件として

は，構造的変形や変成作用・続成変質作用などが最小の地域，不整合のない本質的に連続して堆積している層序断面，岩相・生物相が上下方向に大きく変化しない化石を含む海成層，自由に調査・試料採取ができて長期間にわたっての保存が保証される層序断面，などがある．また，年代的に重要で広域に追跡できるバイオゾーンの境界や磁場極性逆転のような顕著な層準（それも，可能なら複数の層準）を伴うべきとされる．設定された各単元の模式地については，Gradsteinほか（2004）にまとめられている．

一般的に，上下に隣接する2つの層序単元の境界としては，下位単元の上限と上位単元の下限という2つの境界模式層がありうる．それらは，2つの層序単元が単一の連続した層序断面で確認できる場合は完全に同一のものである．しかし，国際的な年代層序単元の場合，歴史的経緯から単元模式層は異なる地域で設定されている．その場合，それぞれの模式地における下位単元の上限境界と上位単元の下限境界とが正確に一致するという保証はなく，両者の間に層位学的な空白や重複が生じる可能性が高い（図A-3-6左）．しかし，時間には空白も重複もあり得ないので，『層序ガイド』では，境界模式層として上位単元の下限境界模式層を選択することが勧められる（図A-3-6右）．2つの単元模式層の間に時間的な空白がある場合，失われた空白は下位の層序単元に属する．

このようにして境界が境界模式層で設定されて，初めて年代層序単元は模式地から地理的に拡張できる．年代層序単元の境界は同一時間面であるが，実際上は年代対比の分解能の範囲でのみの「同時」であり，その同時性の確実度は地理的に離れるほど減少する．それゆえ，年代対比のためには，多種類の化石，地層の側方への連続性，放射年代，不整合，海進・海退，古気候データ，古地磁気特性などあらゆる可能な証拠を用いるべきである．

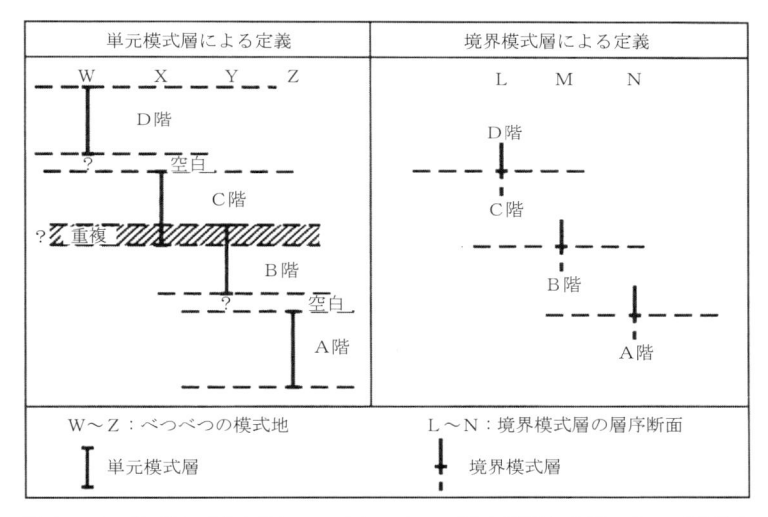

図 A-3-6 模式地が遠く離れているところで，階を単元も色相によって定義するよりは下限境界模式層で定義することの利点（日本地質学会 編，2001）

A-3-5 古地磁気層序と年代

　古地磁気層序の理解のためには「古地磁気学」の知識が必要である．詳しい説明は専門の教科書（たとえば，小玉，1999）に譲るとして，ここでは野外地質における古地磁気層序の理解に最低必要なことがらに絞って解説する．

（1） 地磁気長周期変動の特徴

　現在，地球表面で観測される**地磁気**（geomagnetic field）の形態は，地球の中心に地軸と約 10°傾いて置かれた棒磁石によってできる双極子磁場でほぼ近似できる．このような双極子を地心双極子と呼び，この双極子磁場の極を**地磁気極**（geomagnetic poles）と呼ぶ．この地磁気極が，地軸の周りを 2000 年程度の周期で回転す

るような変動があり、これが地磁気永年（経年）変化に相当する。地磁気永年変化を完全に平均化したとき、地磁気極は地軸とほぼ一致するが、このような双極子を（地心）**地軸双極子**（axial dipole）と呼ぶ。つまり地磁気は、数千年程度の時間解像度でみた場合、地軸双極子によって代表することができる。

地磁気極の位置は長期間にわたり地軸の周囲にあるが、時おり大きくふらつくことがある。地磁気極が地軸から45°以上離れる変動を**地磁気エクスカーション**（geomagnetic excursion）と呼び、数万年に1回程度の頻度で起こっているらしい（たとえば、Lund et al., 2001；小田, 2005）。地磁気極が完全に反転して、もとに戻らない場合が**地磁気の逆転（極性反転**, geomagnetic polarity reversal）である。極性反転は数万年〜数十万年に1回の頻度で起こってきた。古地磁気層序では主にこの極性反転パターンを用いている。

（2）　古地磁気層序の特徴

古地磁気層序がもっている最大の特徴は、全球同時性にある。つまり、地磁気の逆転は地球上どの地点でも同時に記録されるということである。このことは、局所的な変動を記録している可能性を排除できない他の層序学にはない大きな利点である。たとえば、プランクトンの化石を用いた層序の場合、ある特定の種が絶滅（もしくは出現）する層準を基準として層序対比するわけだが、熱帯海域に多く生息する種は寒帯海域では生息しないなど、必ずしも全地球的に用いられるわけではない。またその絶滅（もしくは出現）タイミングも厳密に見れば地域差が生じる可能性がある。このほかに、ほぼ完全な同時間面を追跡できる「テフラ層序」では、テフラの追跡できる範囲でのみ利用できるという限界がある。したがって古地磁気層序は、高精度の同時間面をグローバルに追跡できるほとんど唯一の手法といえる。

しかしながら，古地磁気極性には正・逆の2つがあるのみである．したがって，堆積層の上限が現在という時間面にあたる海底コアのような場合を除いて，古地磁気極性が地層の形成時期を直接表わすことはない．つまり古地磁気層序は，特定の年代を示す他の層序学的手法と組み合わせることでその特性を生かすことができる．

(3) 古地磁気タイムスケール

古地磁気タイムスケール上では通常，現在と同じ極性を黒で，逆の極性を白で表わしている．これらの正逆パターンには周期性はないが，便宜上，パターンの区切りのよいところで年代境界を引いている．一般に，正・逆どちらかの極性が卓越する百万年間前後の期間を**クロン**（磁極期，chron）と呼び，クロンの中に含まれるより短い区切りを**サブクロン**（亜磁極期，subchron）と呼んでいる．現在から約6 Maまでの期間は，クロンに対して歴史上古地磁気学に貢献した人物の名前が，またサブクロンに対しては，それらを最初に見いだした古地磁気試料の採取場所の地名が用いられている．これらの名称は，現在でも通称として広く用いられているが，より古い年代については以下に述べるように海底磁気異常縞模様の番号をもとにした別の「クロン」を用いている．

現在用いられている標準的な**地磁気極性年代尺度**（GPTM：geomagnetic polarity time scale, 図A-3-7；Cande and Kent, 1992, 1995）は，主に左右対称で最も形態の整っている大西洋の海底磁気異常縞模様のパターンをベースにして，海底コアの古地磁気および微化石層序の解析結果や，古地磁気測定が行われた火山岩の放射年代を基につくられている．したがって，下限は大西洋プレート最古の磁気異常（後期白亜紀）である．このタイムスケール上のクロンやサブクロンは，それらの正・逆パターンに対応するコードを用いて表わされている．たとえば，Brunhes正磁極期は，クロンC1n（1番最近の磁気異常縞模様の正磁極部分）となる．また，

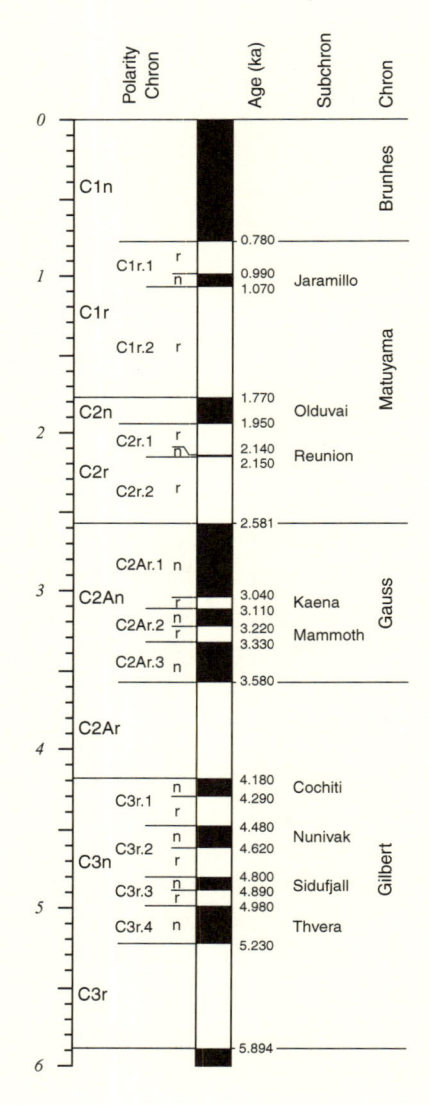

図 A-3-7 過去 6 Ma の地磁気極性年代尺度．Cande and Kent (1995) をもとに作成

Matuyama 逆磁極期はクロン C1r に，その中にある Jaramillo 正磁極亜期は，クロン C1r.1n と表わされる．

A-4　地質年代学の原理と手法

　地質年代学（geochronology）の役割は，地球の歴史である地球史年表に時間の目盛を入れることである．地球の歴史というスケールで時間を計るには，それが可能な時計を用意しなくてはならない．その時計は，1）地球上どの場所でも同じ速さで動く，2）地球史上のいつの時代も同じ速さで動いてきた，3）現在，天然に存在するものから入手可能である，などの条件を備えていなければならない．そこで考え出されたのが元素の放射壊変のタイムスケールを利用する方法で，求められた年代を**放射年代**（radiometric age）と呼ぶ．ここでは放射年代を求めるための基本的な考え方について概説する．

A-4-1　放射性同位元素と放射壊変

　ある元素が放射線を出して少しずつ別の元素に変化していく現象を，**放射壊変**（radioactive decay）という．放射壊変には α 壊変，β 壊変，電子捕獲による壊変などさまざまな形があるが，いずれもその進行は時間的に規則的である．このことを利用して，その放射壊変が始まってどのくらい経っているかを推定することができる．これが放射年代の基本的な概念である．

　放射壊変する元素は少なくない．それらの多くは，同じ元素の中で質量数の異なるいくつかの**核種**（nuclide），すなわち**同位体**（isotope）をもつ．放射壊変に関与するのはそれらの中の一部で，**放射性同位元素**あるいは**放射性同位体**（radioisotope）と呼ばれる．放射壊変に関与しない同位体は**安定同位体**（stable isotope）

と呼ばれる．たとえば，酸素は天然に質量数 16, 17, 18 と 3 種類の同位体が存在し，それぞれ ^{16}O, ^{17}O, ^{18}O と表記されるが，いずれも安定同位体である．

一方，ルビジウムには質量数 85 と 87 の 2 種類の同位体 ^{85}Rb, ^{87}Rb があり，このうち ^{87}Rb が放射性同位体で ^{85}Rb は安定同位体である． ^{87}Rb は放射壊変して質量数 87 のストロンチウム ^{87}Sr に変化する．この変化は $^{87}Rb \rightarrow {}^{87}Sr$ と表わされる．このように壊変する核種を**親核種**（parent nuclide），壊変によって生成する核種を**娘核種**（daughter nuclide）という．ストロンチウムは質量数 84, 86, 87, 88 の 4 種類の同位体をもつが，放射壊変によって量が変化するのは ^{87}Sr だけである．すなわち，放射壊変が進むと ^{87}Sr が増加するのでストロンチウムの同位体相互の量比が変化する（図 A-4-1）．これを観測量として精密測定することができるようになったことで，**年代測定**（age determination）は可能になった．

放射壊変では，親核種は同じ時間間隔でもとの量の 1/2, 1/4, 1/8, …と減少していく．もとの量の半量になる時間を，その親核種の**半減期**（half life）という．すなわち，放射壊変の進行は時間に対して指数関数になる．いま，娘核種を D，親核種を P，放射壊変が始まってからの時間を t，壊変開始時にすでにあった娘核種の数を D_0 とすると，その関係は式（A 4・1）のように表わせる．

$$D = P(\exp(\lambda t) - 1) + D_0 \tag{A 4・1}$$

ここで λ は半減期に逆比例する壊変ごとに固有の定数で，**壊変定数**（decay constant）と呼ばれる．半減期 $T_{1/2}$ と壊変定数 λ の関係は

$$T_{1/2} = 0.692/\lambda \tag{A 4・2}$$

と表わされる．式（A 4・1）の両辺を娘元素の安定同位体 D_s で割ると

$$D/D_s = (P/D_s)(\exp(\lambda t) - 1) + D_0/D_s \tag{A 4・3}$$

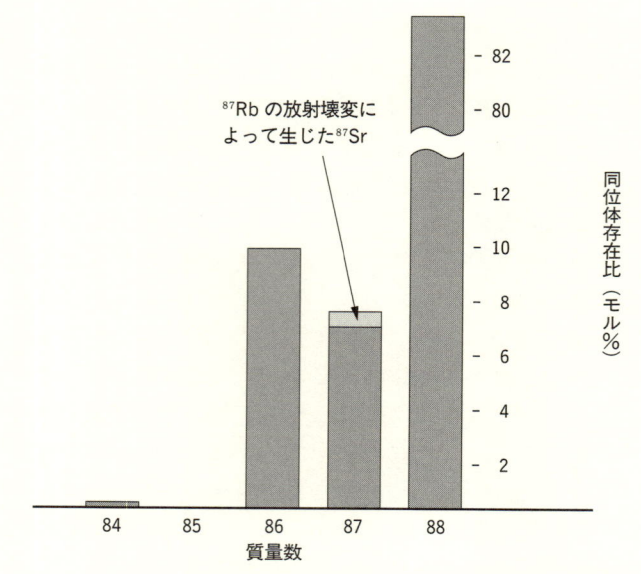

図 A-4-1 ルビジウム，ストロンチウム各同位体の存在量と放射壊変による変化．ルビジウムのうち質量数 87 の同位体が壊変してできるストロンチウム 87 のため，ストロンチウムの同位体比が変わる

が得られる．観測量としては現在の同位体比 D/D_s が測定されるので，親核種の量 P/D_s と壊変開始時の同位体比，すなわち同位体比初生値 D_0/D_s が求められれば，t が計算できる．

A-4-2 質量分析と同位体比

20 世紀半ば頃，**質量分析計**（mass spectrometer）の性能が飛躍的に向上し，元素の同位体比を精密に測定することができるようになったことで，放射年代測定は可能になった．ここでは質量分析計の原理を簡単に説明する．

質量分析計には，測定試料を固体の形でフィラメント上に付着さ

せ，高温でイオン化する**表面電離型質量分析計**（thermal ionization mass spectrometer）と，試料を気体の形で導入する**気体型質量分析計**（gas mass spectrometer）があり，前者はストロンチウム，鉛，希土類元素などの同位体比測定に，後者はアルゴンなどの希ガス元素に用いられる．両者は試料の導入部とイオン化機構が異なるが，同位体比測定部の原理は同じである．ここでは，現在高精度の同位体比測定に世界中で広く用いられているセクター型の質量分析計を例に解説する．

図 A-4-2 は質量分析計の仕組みを簡単に図解したものである．イオン源で発生し，一定の電圧で加速されたイオンは，フライトチューブを通って電磁セクターに入り，電気的に制御された磁場の中で，ローレンツ力により円弧軌道を描く．この円弧は当然重い粒子ほど回転半径が大きくなるので，電磁セクターを出るイオンの軌道はその質量によって異なる．そのため，質量数の異なる同位体のイオンを別々の位置に設置したコレクターで受けることができる．それらは電気信号の形で受け取られ，増幅されて電圧として計測される．異なる同位体間の電圧の比が同位体比に相当する．これが基本的な同位体比測定の原理である．

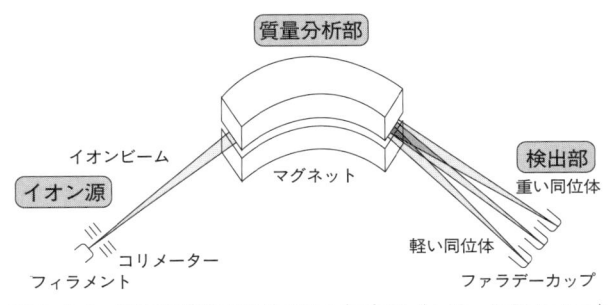

図 A-4-2 表面電離型質量分析計の概念図（上岡，2001 による）

同位体比の測定は、誤差1万分の1以下という高い精度で行なわれるので、試料に流す電流や電磁石の磁力の高い安定度に加えて、検出器・増幅器など計測系の電子回路の高い安定性が必要である。測定原理の詳細は、上岡（2001）、Dickin（1995）などにわかりやすく書かれている。

A-4-3　放射年代の与える意味

一般に地質学的試料を年代測定する場合、地質学者はその試料の形成年代を求めることを目的とする。しかし、このように同位体を測定して得られるのはあくまで放射年代であって、それを「形成年代」と見なすのは解釈である。そもそも「形成年代」という言葉には、そのものがどのようにして形成されたかについての認識が含まれているはずで、それなしに「形成年代」といってもほとんど意味がない。たとえば、岩石が形成された年代といっても、それはどのように形成されるもので、その現象のどの過程で放射年代時計が動き出しているかを考えるのが地質年代学である。重要なことは、岩石の年代を測るのではなく、地質事象の年代を測っているということである。

たとえば、同一の花崗岩体を年代測定しても、異なった鉱物、異なった手法からは異なった年代が得られることが普通である。いわゆる不一致年代である。最近はさすがに、そのうちのどれが正しい年代か、などといった質問をする人はほとんどいなくなった。花崗岩の貫入・固結・冷却といった一連の形成過程のどこで、その同位体系が閉じて同位体時計としての放射壊変が始まるかは、鉱物によって、また手法によって当然異なるので、それぞれ違った年代値が得られるのは当然である。最近では、この不一致年代を利用して岩体の形成史を調べることが普通に行なわれている（B-4-3参照）。これは、地質学の進歩によって、かつては時間的な点でしか理解さ

れなかった地質事象が，ダイナミックプロセスとして時間経過の中で理解されるようになったこととも関係がある．

　また，言うまでもないことだが，放射年代によって得られるのは，その物質が形成されたときの年代であり，その物が作られたときの年代ではない．イースター島のモアイのかけらを放射年代測定しても，モアイが作られた年代が得られるわけではなく，得られるのはモアイの材料となっている岩石のできた年代である．

B-1 岩相層序

　層序学の原点は露頭にある．**岩相層序**（lithostratigraphy）は，露頭に現れている岩石や地層の特徴をもとに，地殻を構成するそれらの地質体を体系化することであるから，当然，露頭での観察がもっとも重要である．そして，その重要性は生層序，古地磁気層序，年代層序といったその他の層序学においても同様であり，ひとたび生じた問題も，露頭に立ち返って観察し直すことで，解決の糸口をつかむことができる．

B-1-1　地域層序の作り方

　岩相層序学におけるフィールドワーク（地表踏査）は露頭を求めて山野を歩き回り，そこに露出する岩石や地層を観察する作業である．それには，1）露頭の観察，2）柱状図の作成，3）地質図の完成の3段階がある．これらは，点としての個々の露頭から，それらをルートに沿って並べた線へ，そして各ルートを横に並べて面的に拡げる作業である．これによって完成された地質図は面という二次元領域だけではなく，実は，地下における地層・岩石の分布と地質構造を含む三次元的な情報を表わすものである．さらに加えて，地層の積み重なりは時間の経過を表わしているので，地質図は時間軸を加えた四次元の世界を示している．

　地表踏査に出る前に，まずは，調査地域の地質と産出化石に関する文献を収集し，岩相層序区分，層序関係，地質構造，年代などの情報を整理して，調査計画を立てる（第1巻，A-2を参照）．各地域の地質に関する文献としては，産業技術総合研究所地質調査総合

センター（旧，地質調査所）を中心に，（旧）北海道開発庁，およびいくつかの県で発行されている5万分の1地質図幅とその説明書がもっとも一般的で，日本全国のかなりの地域を網羅している．また，「日本の地質」全9巻（加藤ほか 編，1990；大森ほか 編，1986；唐木田ほか 編，1992など）および同増補版（日本の地質増補版編集委員会 編，2005）は，各地域の地質の概要が充実した引用文献とともに記述されており，事前調査に向いている．そのほか，県あるいは市町村が企画または発行した地質図や，さまざまな研究目的の論文があるので，各地の大学図書館や地質系研究室のスタッフに相談してみるとよい．さらに，最近の文献については，インターネットを利用して，産業技術総合研究所地質調査総合センターの「日本地質文献データベース（GEOLIS＋）（URLはhttp://www.aist.go.jp/RIODB/DB 011/index.html）」から得ることができる．

（1） 露頭の観察

露頭を前にして，まずはその位置を確かめ，地形図にプロットしよう．それには，そこから見える稜線の形，川や海岸線の曲がり具合，入り込む沢の位置といった周囲の地形的特徴を確認し，地形図に描かれた等高線から読み取った地形と見比べてみる．地図に描かれている道路のカーブや神社・寺・建物，あるいは水田や畑と樹林の境界なども重要な決め手となる．もちろんGPSや，標高差の大きい地域では高度計の併用も有効である．

最近はGPSが手軽に使えるようになった．地形図にはときおり間違いがあるし，小縮尺の地形図を拡大して持ち歩く場合は，細かな地形が読み取れない．そのようなとき，GPSの威力は大きい．さらに，ルートマップも作成できるので，GPSの活用を勧めたい．ただし，地質図を作成するためには，各地点で得たすべてのデータを地形図上に落とす必要があるので，地形図の修正も含めた位置の

確認は，やはり現場で行うべきであり，地形図を手放すことはできない．

位置がわかったら，次に露頭の全景を眺め，その高さや広がりを見積もろう．それから，露頭全体の構造，層理の方向，断層・褶曲の様子を確認する．そのとき，色調やノジュールの有無などに特徴のある単層があれば，それに注目することで構造が理解しやすくなる．観察したことは必要に応じてスケッチをして写真に撮っておく（図 B-1-1）．

以上の作業を終えた後，ようやく露頭に近づいて層理面や断層面の**走向**（strike）・**傾斜**（dip）を測定する．一見して層理がなく塊状に見えても，よく見ると砂の薄層があったり，軽石粒が一列に並んでいることがあって，層理の方向を知ることができる．層理面は局所的に波打っていることもあるので，測った位置の層理面が周囲の層理面の方向と極端に違っていないことを確かめる．また，露頭で断層が確認されるならその両側で，また褶曲している場合はその両翼あるいは層理面の屈曲がわかるように数カ所を選んで測定する必要がある．

地層の傾斜が大きい場合，堆積時の地層の上下方向を判定する必要がある．また，過褶曲・横臥褶曲など著しい褶曲構造が予想される地域では，見かけは水平な地層でも実は逆転している場合があるので，しっかりと上下関係を確認しなければならない．地層の上下は，砕屑岩の以下のような初生的堆積構造によって判定される（図 B-1-2）．

① **漣痕**（ripple mark）　波の振動によるウェーブリップルは断面が対称的で，畝は上方に尖り，溝は緩く湾曲．風や水流によるカレントリップルは断面が非対称．傾斜は流れの上流側斜面が長く緩やかで，わずかに上に凸，下流側斜面は短く急で，下に凸（ただし，判定が困難なことも多い）．

図 B-1-1 堆積岩露頭の遠望．a，b：貝化石 *Fortipecten* を含む鮮新統 Maruyama 層（南サハリン）．a：*Fortipecten* 化石層の遠景，b：a の近接写真，c：中新統の稚内層の急傾斜をなす硬質泥岩層（北海道北部），d：中新統留崎層の十文字砂岩部層（露頭下半部），沼ノ久保泥岩部層（上部の明色部；珪藻泥岩）および川口泥岩部層（最上部；硬質泥岩）（岩手県北部），e，f：鮮新統妻層，e：不明瞭な層理を示す泥岩層，f：e の近接写真（大型有孔虫化石を含む砂質シルト岩レンズが層理方向に延びる）（長谷川撮影）

図 B-1-2 堆積構造．a：Matituk 層の漣痕とトラフ型斜交葉理（鮮新統；北サハリン），b：日南層群の流痕（始新統；宮崎県南郷町），c：日南層群の荷重痕と火炎構造（始新統；宮崎県日南市），d：塩田層の脱水構造（漸新統；長崎県大島），e：蒲野沢層のコンボリュート葉理（中新統；青森県下北半島）（以上，長谷川撮影），f：級化構造（内田淳一撮影）

② **斜交葉理**（cross lamina） 流痕の内部構造．トラフ型の場合，葉理は下に凸になり，単層の底面で収斂する．
③ **流痕**（current mark） 混濁流堆積物の底面に現れるふくらみで，混濁流が海底面を削ることで作られた凹みが混濁流堆積物によって埋められたもの．
④ **荷重痕**（load cast） 未固結の泥や火山灰を覆う砂質堆積物が不等荷重により下層の泥質堆積物中に不規則に入り込んだもの．断面では，下方にこぶ状の突出に見える．荷重痕が密な場合，下位の細粒堆積物が荷重痕の隙間に注入され，火炎構造をなす．
⑤ **コンボリュート葉理**（convolute lamina） 単層内部の不規則な褶曲状屈曲．断面形態は向斜部が緩やかで，背斜部が狭く鋭い．
⑥ **皿状構造**（dish structure）・**漏斗状構造**（funnel structure） 地層中の間隙水による脱水構造．葉理構造が切れて，上方にめくれ上がる．
⑦ **級化成層**（graded bedding） 混濁流による堆積物で，基底から上方に向かって粒度が漸移的に小さくなる成層構造．
⑧ **生痕化石**（trace fossil） 底生生物が海底面から堆積層内部に掘り込んだ巣穴化石

さて，ここからが岩相層序（狭義）の調査である．層理が見られるなら，累重する地層を下位から上位へ（あるいはその逆順に），順次，単層を単位として観察し，以下の項目について特徴を柱状図にして記録する．
① 単層の厚さと側方変化（変化なし，一方向に厚くなる・薄くなる・尖滅する；レンズ状，膨縮を繰り返す，など）．層厚は巻尺や折尺を層理面に垂直になるように当てて確実に計測する．また，ハンマーやつるはしの柄，体の部位などの長さ

表 B-1-1 体の部位などのおよその長さ

指を拡げた時の指先の間	
人差指と中指	8 cm
親指と人差指	13 cm
親指と小指	20 cm
握り拳の横幅	10 cm
腕の長さ（肘から手首）	30 cm
目の高さ（個人差が大きい）	150 cm
両手を拡げた時の幅	180 cm
歩幅（複歩）	5 m/3 歩

を覚えておくと便利（表 B-1-1）．

② 岩相（堆積岩：粒径と色調，礫種（礫岩），円磨度（礫岩・砂岩），有色鉱物，軽石・スコリア，海緑石などの有無，含有量とその変化；火山岩：岩石名，斑晶の有無，鉱物種，ならびにそれらの特徴にもとづく岩石名など）．

③ 堆積構造（平行葉理，斜交葉理，コンボリュート葉理などの内部構造；流痕・荷重痕・漣痕など）．火山岩では節理の間隔や方向．

④ 下位層との境界面（基底部に礫岩を伴う；境界は明瞭で層理面に斜交；境界は明瞭だが層理面と平行；粒径や色調が漸移的に移り変わる，など．火山岩では周縁部の急冷相の有無と規模，周囲岩石の変成の有無と規模）．

⑤ 含有化石（産状・含有量など）．

これらを記録するフィールドノート（野帳）は，2〜5 mm 方眼のものが使いやすい．柱状図のスケールは 1/100 または 1/50 にすると，見たもののほとんどを書き込める．ただし，調査の目的しだいで観察精度やスケールは異なってよい．たとえば，鍵層となりうる凝灰岩層があれば，粒度や色調・含有鉱物などの細かな変化をミリメートル単位で記録したいので，その部分だけを別のスケールの

柱状図として記録する（図 B-1-3）．反対に，砂岩・泥岩互層のように2種類の岩相が繰り返される場合，両種の岩相それぞれの層厚に大きな変化がなければ，その平均的な層厚と全層厚とを記述するだけでもよい．ただし，平均とはかけ離れた厚さの単層や鍵層，特異な堆積構造，生痕を含む化石などを見落とさぬようしっかりと観察し，記録しなければならない．

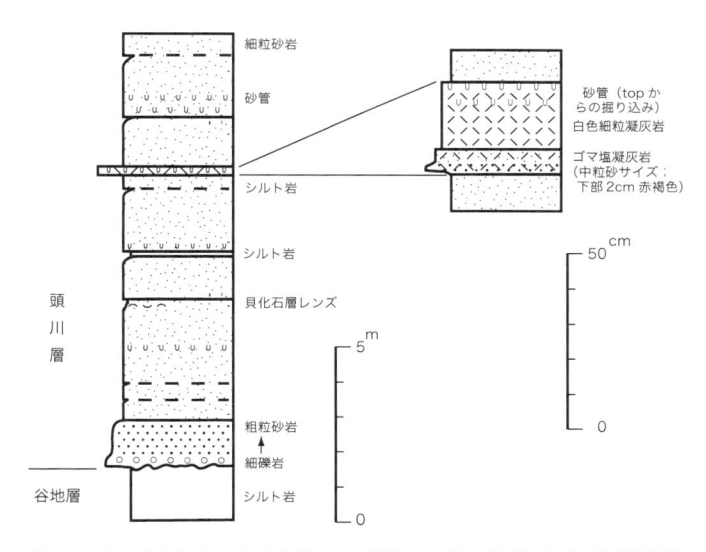

図 B-1-3 富山県小矢部市雨谷の一露頭における柱状図（長谷川原図）

（2） 柱状図の作成

1つの露頭での観察がすんだら，道路，谷筋または海岸線に沿って先に進み，隣接する露頭において前と同様に観察しよう．その際，最初に気をつけるのは，構造（層理面の向き）が前の露頭と同じかどうかという点である．露頭面の向きが前の露頭と異なる場合は見かけ上の傾斜が違って見えるので，走向・傾斜を測って確認す

る．道や沢がまっすぐでも，露頭面の向きはわずかながら異なることが多い．

　構造に大きな違いがなければ，次に，前の露頭との層序学的関係を確かめよう．水平または水平に近い地層であれば，同一の単層がこの露頭でも前と同じレベル（標高）にあるはずである．前の柱状図と新しい露頭を見比べて，露頭の高さや標高に違いがある場合は，前の露頭に出ていなかった単層があるので，柱状図に書き足そう．また，単層の厚さや岩相が変化している場合は，変化した部分を中心にした別の柱状図を作り，前の柱状図と一致する単層と変化した単層を，記号や対比線を使って記録する．図 B-1-4 は仙台市佐保山の沢の例で，小規模な背斜軸を挟む地点 A–B 間は傾斜が非常にゆるく，両地点でほぼ同様の層序が確認できる．

　地層が傾いている場合は，踏査の進行方向に対して地層の傾斜方向が同じなら前の露頭よりも上位の地層が現れるが，逆ならば，下位の地層が出てくるはずである（ただし，急坂や急斜面を歩くときには，必ずしもそうならない．要は地層の傾斜と観察ルートの傾斜の関係次第であることに注意）．

　そこで，前の露頭を離れるとき，露頭の最上部（または最下部）の単層に注目し，進行方向に対する地層の傾斜角を考えながら，それが次第に下がってくる（または上がってくる）様子をイメージしながら前進し，次の露頭に達する．その結果，新しい露頭に同じ地層が見つかれば，あとは水平層の場合と同様に，その上下の単層を順に見比べ，前の露頭に露出していなかった部分（単層）を柱状図に書き足す（図 B-1-4 における E・F の柱状図）．一方，同じ地層がない場合は，前の露頭の最上部（または最下部）の単層と現在の露頭の最下部（最上部）の間の欠如が，層厚にしてどの程度かを見積もる．そして，その欠如分を空白にして，その上位（下位）に現在の露頭における観察記録を柱状図として描く（図 B-1-4 の地点

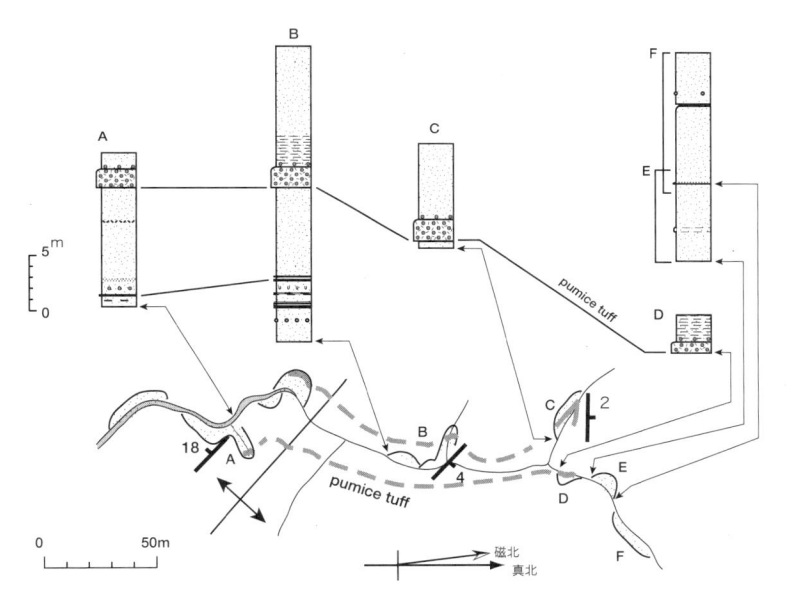

図 B-1-4 旗立層(中新統)のルートマップと柱状図(宮城県仙台市佐保山の沢).pumice tuff;軽石凝灰岩(長谷川原図)

DとEの関係).

　以上の作業を,沢や谷筋,海岸線,道路などのルートに沿って続けると,結果としてルートに沿った柱状図が完成する.このようにして柱状図を作成する場合,予備調査によってその地域の地質構造を確認しておき,地層の一般的な走向を横切る方向に伸びるルートを選ぶと,比較的短い距離の調査で層序学的に厚い地層をカバーできる.また,空白の多い柱状図では困る.既存の地質図で走向・傾斜の記号があるところは露頭があった地点である.それらをルート選定の参考にすると作業の効率がよい.

　ところで,ルートに沿って調査している際に,そのルートにだけ

固執するのはよくない．支流や枝沢との合流点付近では，露頭が欠落することも多い．そのようなとき，欠落していた層序区間が枝沢に露出していることがある．その場合，その露頭が主ルートに近く，枝沢の奥行きがさほどないなら，主ルートの柱状図と一体にしてもよい．また，それが奥行きのある支流なら，別の柱状図とし，主ルートの柱状図の隣に並べるとよい．また，思わぬところに工事の手が入っていて，新しい露頭が出現していることもある．集落付近であれば，家の裏手に露頭があるかもしれない．予定のルートから外れることを厭わずに寄り道して，観察するよう心がけたい．そういう意味で，変わったものは見逃さないという野次馬根性が地質調査には必要である．

なお，工事現場や私有地に立ち入る際は現場事務所や所有者の許可を得る必要がある．国有林への立ち入りでは，事前に調査地域を管轄する森林管理署で許可を得たうえで，現地事務所への入林届の提出が必要なこともある．その他，調査時の際の注意点は第1巻，B-3を参照のこと．

1つのルートで層序を記録しているうちに褶曲軸を横切ると，地層の傾斜が逆向きになる．その場合，その先で作られる柱状図はそれまでのものに似ていても，個々の単層の厚さや岩相が異なることがある．そのような変化は，堆積物の供給方向や堆積盆の形態を推定するデータとして価値が高いので，手を抜かずに隣接する別の柱状図として作成する．また，断層を横切る場合，柱状図としては一旦途切れて，そこからは別の柱状図となる．両者において同様の層序が繰り返されるのか，あるいは全く異なる層序となるのかの判定が，断層の性格を理解する上で重要な根拠となる．

(3) 地質図の作成

隣接するルートで，同じように柱状図を作成する．そのルートが地層の走向方向に位置するなら，前のルートと同じ層準を観察する

ことになるので，相互に層序を比較しつつ踏査する．その結果，全体として似たような層序が得られたとしても，単層の一枚一枚を個別に同定するのは難しいかもしれない．しかし，明確な特徴をもついくつかの単層を両ルートで確認できる可能性はある．

図 B-1-5 に示す例では，凝灰質砂岩を主とする地層（綱木層）に，火山礫凝灰岩，細粒凝灰岩，円礫岩，シルト岩，化石密集層，生痕卓越層などが挟まれており，水平距離 2 km 程度の範囲の近接するルートでも確認される．また，それらの中には，長距離にわたって追跡できる鍵層もあり得るが，その他の多くは，岩相的特徴がほぼ一定で，層序としては一定の順に確認されるものの，それ自体の層厚や粒度は徐々に変化してしまう，いわば地域限定的な鍵層にすぎない．それでも，それらの鍵層を認定しながら調査地域全域の柱状図を作成することにより，地域内での詳細な構造や層厚の変化が認識可能となる．

また，各ルートやルートからはずれた地点の観察データをすべて地形図上に書き入れると岩相分布図となる．その図上で，走向・傾斜を考慮しながら鍵層をつないでいくと，地質図の原型ができる．

以上は，野外での作業だが，これ以降は宿泊先で結果をまとめつつ，野外で詳細を詰める作業である．地質図は，通常，調査で使用するものよりも小縮尺の地形図にまとめる．その場合，地質図にすべての詳細な岩相分布を表記することはできないので，累重する地層を岩相の特性をもとにいくつかの「層」に区分し，それを基本単元として図に表現することになる（図 B-1-6）．それには「層」と「層」の境界線の位置を 1 本の線で表わす必要がある．すなわち，地質図を作成するには，地層境界を明確に定義づけなければならない．

一般に，積み重なった一連の地層は異なる岩相の単層により構成されるが，一定の範囲内では特定の岩相が卓越したり，一定の組合

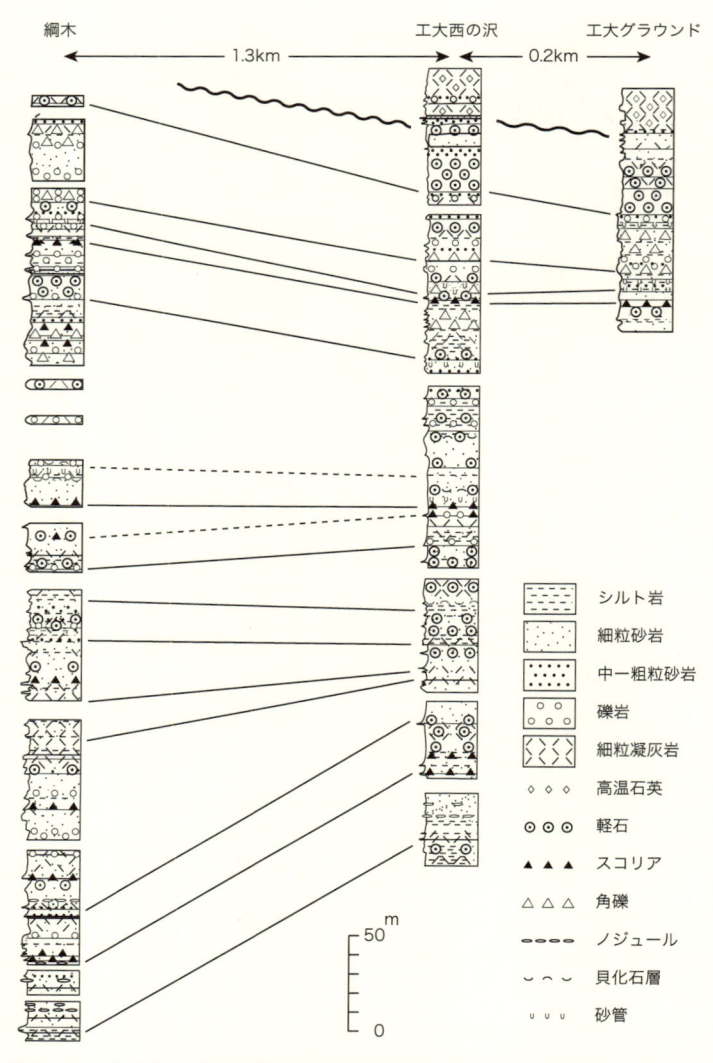

図 B-1-5　綱木層の各沢柱状図（宮城県仙台市青葉山西部）．（長谷川原図）

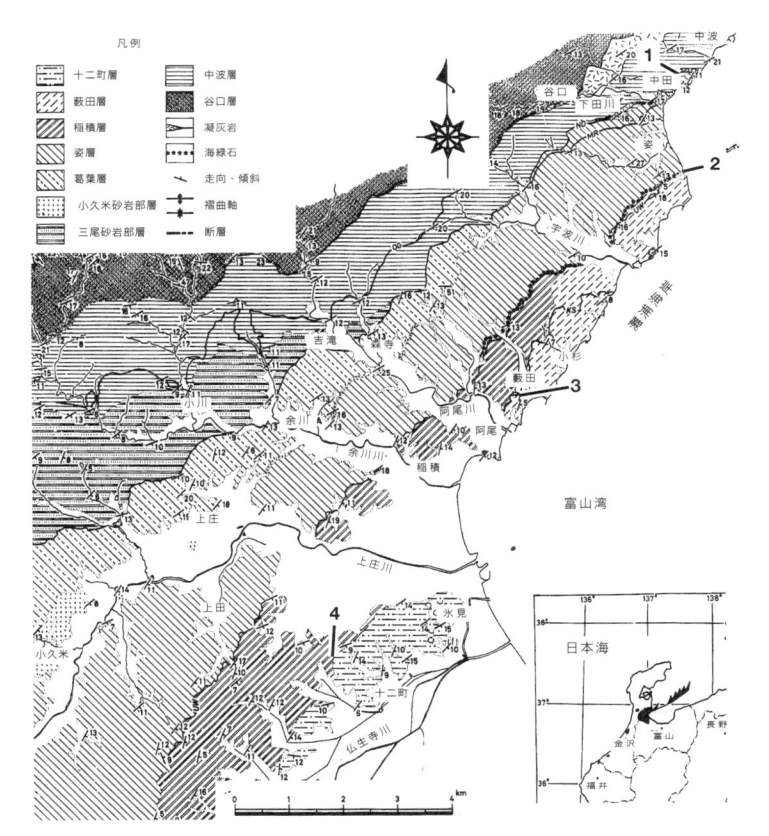

図 B-1-6 富山県氷見市付近の地質図（長谷川・小林, 1988 を改編）．地点 1 ～4 は模式地（図 B-1-8 を参照）

せの単層が繰り返すことが多い．通常，そのような範囲の単層群を「層」として定義づける．そこで，「層」と「層」の境界は，そうした岩相的特徴が変化する層準に設定することになる．

　大きな時間間隙なしに整合的に累重する層序の中で岩相が変化す

る場合は，堆積物の変化は堆積環境の変化，あるいは後背地の変動に関連するような供給源の変化が推定される．そのようなとき，岩相変化は，多かれ少なかれ漸移的になる．

　たとえば，泥岩を主体とする地層が，上位に向かって砂質泥岩から細粒砂岩に移り変わり，ついに細粒〜粗粒砂岩互層に変化する，砂質シルト岩層が上位に向かって徐々に石灰質になり，石灰岩に移り変わる，あるいは泥岩優勢の砂岩泥岩薄互層から次第に砂岩の割合が増し，砂岩がち砂岩泥岩互層に変化する，といった具合である．また，その漸移部の幅（層厚）は数 cm〜数 m まであり得る．この場合，境界としては，夾在する凝灰岩薄層，一定層準に点在するノジュール列を含む層，最初に出現する砂岩の厚層など，目印になるような単層を見つけて基準とする（図 B-1-8 の例も参照）．

　フィールドワークにおいては，露頭の欠如により境界部の目印（鍵層）が見つからないまま岩相が移り変わってしまうことも多い．そのような場合，まずは境界付近で露頭縁辺部の風化が著しい部分を見直したり，場合によっては露頭間のここぞと思うあたりの表土を剝がしてみることもある．ただし，それは表土の流出を助長し，斜面崩壊の原因になりうる．また，切土の法面保護策として張られた芝生や種子吹き付けによる植生を剝がすことは，工事の成果物を破壊することになる．表土の剝ぎ取りは必要最小限に留め，調査後速やかにもとの状態に戻すよう心がけたい．また，鍵層の上下の地層における岩相のわずかな変化を記録しておくと，境界位置の推定範囲を狭められる可能性がある．

　層序単元の境界が不整合の場合は，その種類を見極める必要がある（A-3-2 不整合を参照）．多くの場合，境界面は平坦ではなく多少は凹凸があるが，パラコンフォミティーでは凹凸もなく，単なる層理面として見える．非整合（平行不整合）では，不整合面を挟んで下位層と上位層で構造に差がないが境界は明瞭で，上位層の基

底に下位層の岩石に由来する礫岩（基底礫岩）を含むことも多い．傾斜不整合では，下・上位層の構造が異なるので，境界はさらに明瞭となる．また，固結度・微小変形構造・広域変成度などの差異も不整合を示唆する．

　一方，明らかな構造差があっても，それが大規模なスランプ褶曲によって形成されることもある．これらを正確に識別するには，まず，走向・傾斜を丹念に測定し，周囲の地質構造の変化をしっかりとらえておく必要がある．また，微化石層序による検証（B-2　生層序を参照）が有効な場合もある．

　また，下位層が貫入岩体の場合，それが上位層堆積後の貫入ではなく，ノンコンフォミティー（無整合）と判定するには，以下の事項を検討する．

① 接触面が地層を切ってはいない（断層ではない）．
② 上位の地層に貫入岩の礫が含まれる．
③ 貫入岩を母岩とする砕屑物（風化残留物）層を経て上位層に移化する．
④ 上位層の下底部が接触変成を受けていない．
⑤ 接触面に沿って，貫入岩に急冷相は認められない．
⑥ 貫入岩の中に上位層の岩片が捕獲岩として含まれることはない．

B-1-2　地層の命名

　以上の過程を経て明確に定義づけられた「層」は，必要に応じて，特異な岩相に変化している部分を「部層」として細分化したり，いくつかの「層」をまとめて「層群」とすることもできる（A-3-1　地層命名の指針を参照）．そして，それらを公式な名称とするには，以下に述べるように，『指針』（日本地質学会 編，2000）に沿って命名する必要がある．

なお,『指針』の規定には,その典拠となった『層序ガイド』(日本地質学会 編, 2001)と一致していない部分もある.そのような箇所については,『指針』に加えて,『層序ガイド』の記述を付記する.

岩相層序単元の名称は適切な地理的名称と階層を示す層序単元名,あるいはその層序単元を構成する主要な岩相名の組合せで構成される.英語表記では,名称の各要素の頭文字を大文字にする.

「**層**」・「**亜層群**」・「**層群**」・「**超層群**」：地名＋単元名.

　　従来,「**超層群**」は「**累層群**」として使用されてきた(A-3-1を参照).「**超層群**」の呼称については,下記の蝦夷"超層群"の例のように,層序区分の問題とも絡めて今後の課題である.

例) 四万十**累層群** (Shimanto Supergroup)：九州南部(諸塚層群・槇峰層群・日向層群・日南層群など)から関東(小仏層群)に至る四万十帯を構成する各層群が含まれる(大森ほか 編, 1986；唐木田ほか 編, 1992, など).

蝦夷**累層群** (Yezo Supergroup)：下部蝦夷層群・中部蝦夷層群・上部蝦夷層群・函淵層群よりなる (Okada, 1983；加藤ほか 編, 1990；日本の地質増補版編集委員会 編, 2005).ただし,安藤ほか (2001) は蝦夷**超層群**と改称し,本山ほか (1991) は函淵層群を除いたものを蝦夷**層群**としている.

「**部層**」：地名＋岩相名＋単元名.例) 広瀬川凝灰岩部層 (Hirosegawa Tuff Member；宮城県の鮮新統向山層の1部層)

「**単層**」：(供給火山名＋) 地名＋岩相名＋単元名.例) 山田中凝灰岩単層 (Yamadanaka Tuff Beds；富山県八尾町の中新統),八戸凝灰岩単層 (Hachinohe Tuff Bed),十和田八戸軽石凝灰岩単層 (Towada-Hachinohe Pumice Tuff Bed)

［なお，供給火山名の付与は『層序ガイド』では，認めていない］

　以上のように，岩相名は「部層」・「単層」などに用いるが，「層」以上の単元にはつけない．なお，『層序ガイド』では，岩相用語として，石灰岩，砂岩，凝灰岩，花崗岩，片麻岩，（結晶）片岩，蛇紋岩，メランジェ，オフィオライトなど，一般に受け入れられるもっとも単純なものが適切とされており，砂質石灰岩，凝灰質砂岩，頁岩・砂岩のような合成語や複合語，"硬質"頁岩，"黒色"泥岩などの形容詞，ならびにタービダイト，フリッシュのような成因的用語は使用しないとされている．

　また，単元名に用いる地名については以下のような規定がある．

① 模式地（後述）の名称に由来する．ただし，『層序ガイド』では，その層序単元が存在する場所，または付近の恒久的な自然物または人工物に由来するとされ，必ずしも地名に限定していない．

② 5万分の1または2.5万分の1地形図に明記されている地名や山・河川などの自然地形名が基本．しかし，適切な地名がない場合は，より地域的あるいは広域的地名でもよい．

③ ローマ字表記を付記．その場合，頭文字は大文字にする．

④ 地理的名称の表記はその場所を含む地方の慣習に従う．ただし，その語源と異なる表記ですでに繰り返し出版されている場合はそれを保持すべきである．例）留崎層の由来は青森県三戸郡三戸町留ヶ崎（Tomegasaki）だが，Chinzei（1966）以来「留崎（Tomesaki）」として定着しているので，留ヶ崎層に変更するべきではない．

⑤ 地理的名称が変更されたり消失しても，それに由来する単元名を変更または破棄する必要はない．例）北陸地方の下部更新統大桑層の名称は金沢市大桑町に由来し，「おんまそう」

と読む．大桑町は現在「おおくわまち」と読まれるが，地層名の読み方を「おおくわそう」に変更する必要はない．
⑥ 同一地名を異なる単元と組み合わせて使用するのは不適切．
⑦ ホモニム（異物同名）は回避すべき．

模式地は定義する単元の典型的な露出がある地点またはルートで，単元名を構成する地名の由来となる．『層序ガイド』では，堆積岩類の層序単元には，それを特徴づけるための標準となる**単元模式層**（unit-stratotype）を設け，その上限と下限を**境界模式層**（boundary-stratotype）によって定義づけるとされる（図 B-1-7）．そこで，これらの模式層が露出する地点またはルートが模式地とな

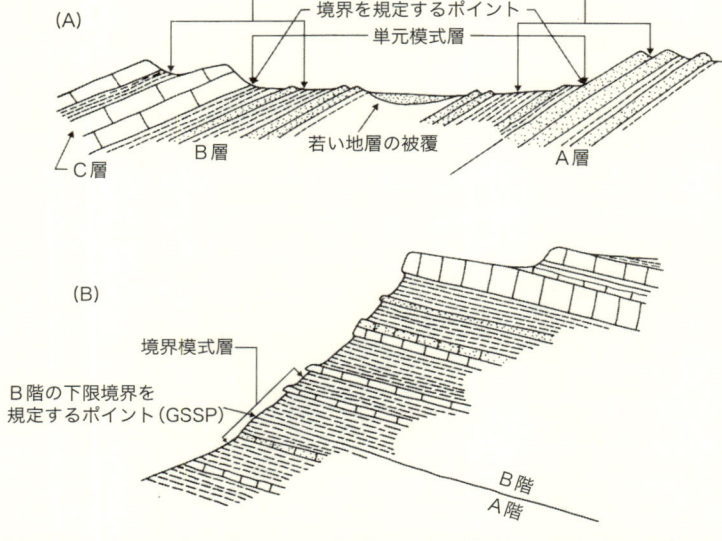

図 B-1-7 年代層序に関する単元模式層と境界模式層（日本地質学会 編，2001）

る．火成岩体・変成岩体や模式層の設定がない堆積岩類の場合は，層序単元や境界が最初に定義された，あるいは命名された場所が模式地となる．また，岩相の側方変化がある場合は副模式地を指定してよい．なお，境界模式層は層序単元境界を認定する基準を含む層序範囲であって，なるべく境界を恒久的な人工的標識によって示す．また，境界付近に指標層があるなら，その上限または下限を層序単元境界として使ってよい．

　図 B-1-8 は富山県氷見地域の新第三系（図 B-1-6）に関する境界模式層の例である．詳細な微化石層序や年代層序を検討するに

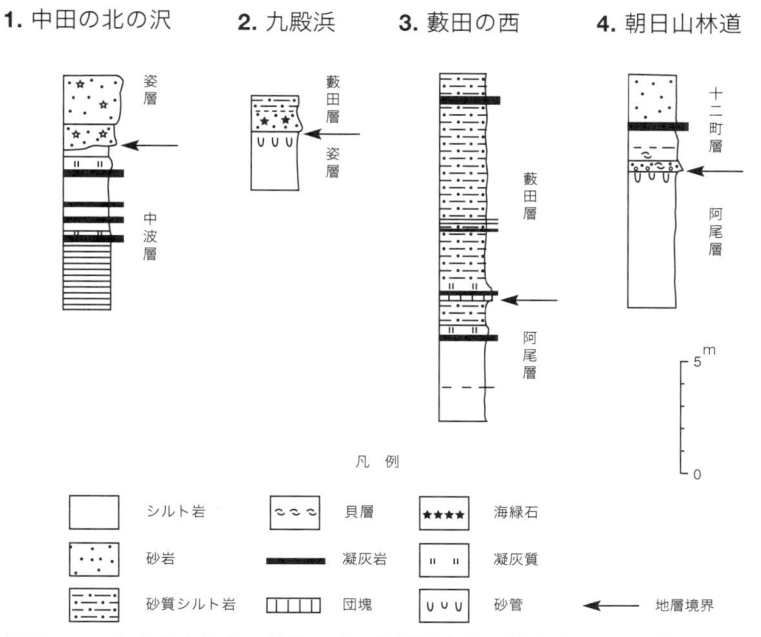

1. 中田の北の沢　**2. 九殿浜**　**3. 藪田の西**　**4. 朝日山林道**

凡　例

シルト岩	貝層	海緑石
砂岩	凝灰岩	凝灰質
砂質シルト岩	団塊	砂管	← 地層境界

図 B-1-8　富山県氷見市の新第三系の境界模式層の例（長谷川・小林，1988 の境界模式を改訂）

は，地層境界が曖昧なために生じる混乱を避けるために，このような厳密な層序区分が必要である．

上記のような規定は，『指針』(2000) によると「2001 年以降に地質学会が編集・発行する出版物に適用される」とされている．しかし，混乱を避けるという『指針』の主旨に沿って，そのほかの出版物においても準拠したい．一方，2000 年以前に命名されているものについては，『指針』の手続きに合致していなくても，有効な名称と見なされる．これも先取権を尊重し混乱を避けるための処置である．ただし，問題があれば再調査によって層序区分・境界の位置・模式地の再指定などを，再定義すればよい．

わが国では，まったく手つかずのフィールドはまず存在しない．複数の先行研究がある地域では，研究者により層序区分が異なることも珍しくない．そのような場合，おもに再調査の結果と符合する層序区分を行っている先行研究を参照することになるが，それと同時に，地層名に関する先取権もできるだけ尊重するべきである．

層序区分と命名に関する例として，図 B-1-6 に紹介した富山県氷見地域における中新統の層序区分（長谷川・小林，1986）の一部を図 B-1-9 に示す．この地域の層序は池辺ほか（1949）によって総括されていたが，その後，今井ほか（1966）の 5 万分の 1 地質図幅調査により，再整理された．その時期には，1952 年の『規約』により，「累層」(formation) または「部層」(member) を（岩相層序区分の基本単位として）「層」と呼ぶことになっていたが，実際上，この地域では「部層」を「層」と呼んでいた．すなわち，姿泥岩（部）層・葛葉互層（部層）などとし，それらをまとめて音川累層（Otogawa Formation）と呼んでいた．

その後，その地域を再調査した Hasegawa (1979) は，地域内の対比を修正しつつ，層序区分を改訂した．そして，それまでの「部層」扱いであった地層が実質的に岩相層序区分の基本単位であ

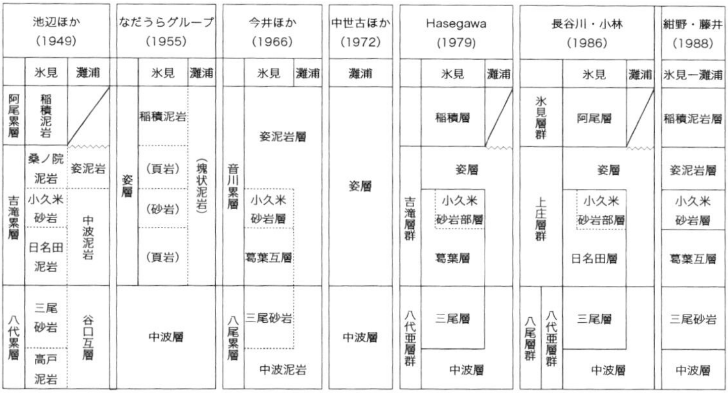

池辺ほか (1949)		なだうらグループ (1955)	今井ほか (1966)		中世古ほか (1972)	Hasegawa (1979)		長谷川・小林 (1986)		紺野・藤井 (1988)
氷見	灘浦	氷見　灘浦	氷見	灘浦	灘浦	氷見	灘浦	氷見	灘浦	氷見－灘浦
阿尾累層	稲積泥岩	稲積泥岩	姿泥岩層		姿層	稲積層		氷見層群	阿尾層	稲積泥岩層
	桑ノ院泥岩	姿泥岩 姿層	音川累層	(頁岩) (塊状泥岩)		姿層			姿層	姿泥岩層
吉滝累層	小久米砂岩	中波泥岩		(砂岩)		吉滝層群	小久米砂岩部層	上庄層群	小久米砂岩部層	小久米砂岩
	日名田泥岩			(頁岩)			葛葉層		日名田層	葛葉互層
八代累層	三尾砂岩	谷口互層	八尾累層	三尾砂岩	中波層	八代亜層群	三尾層	八尾層群	三尾層	三尾砂岩
	高戸泥岩	中波層		中波泥岩			中波層		中波層	中波層

図 B-1-9　富山県氷見市の新第三系層序比較．Hasegawa (1979) の地層名の原文は英文．(長谷川・小林, 1986 に補筆)

ることから，それらを「層」(formation)とした．ただし，分布規模の小さい小久米砂岩を，その直下の互層部（葛葉層）の一部層として扱った．また，凝灰岩鍵層の追跡により，従来の姿泥岩層上部を地域東端の灘浦海岸では藪田層に対比した．そこで，鍵層に近接する海緑石砂岩層をもって，それより上位の部分を姿層から分離し，稲積層として再定義した．その後，池辺ほか (1949) の定義を再検討し，先取権を確認した結果，葛葉層を日名田層，稲積層を阿尾層と改称した（長谷川・小林，1986）．

なお，再定義によって単元の階層が変わる場合に，先取権にこだわるあまり，名称に不都合を生じることがある．その例は，上記の Hasegawa (1979) における吉滝層群に見られる（図 B-1-9）．これは池辺ほか (1949) に由来するもので姿層・葛葉層（日名田層）などを含むが，実際に吉滝地区に分布するのは中波泥岩（中波層）のみである．しかし，今井ほか (1966) 以降，中波層は下位の八尾累層（八代亜層群）に移されている．その結果，姿層や日名田層を

含む層群は吉滝地区に分布しないことになるので，それらが分布する地域の広域名をとって上庄層群と改称した．

これまでに提唱された層序単元は，その分布の大きさが千差万別である．地域や時代によっては，新たな層序区分や名称の変更などによる混乱は，層序学やそれにもとづく他の研究に大きな影響をもたらすこともある．先取権の尊重と同時に，地層の名称に関する混乱の排除にも注意が必要である．

B-1-3 広域層序とグローバル層序

地域的な岩相層序を隣接する地域の結果と比較し，同じ時間尺度の中で並べると，広域に渡る地質層序としてまとめ，その地域一帯の環境変遷と構造発達史をたどることが可能となる．図 B-1-10 は

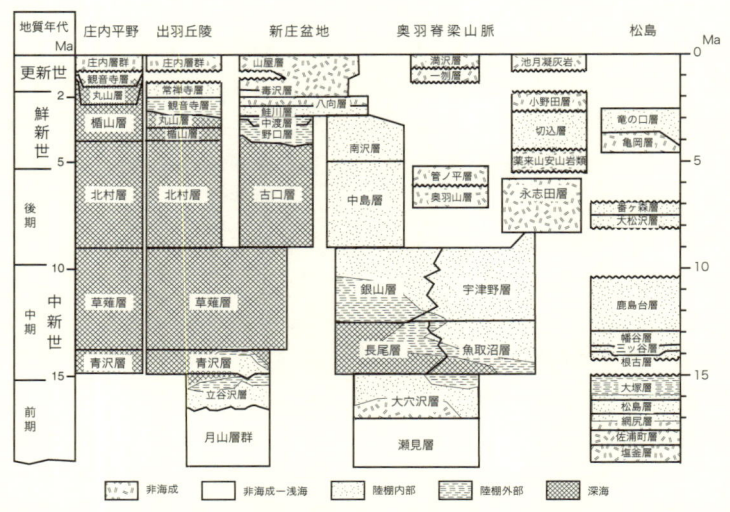

図 B-1-10 東北日本中部を横断する各地域の新第三紀岩相層序（佐藤，1986に加筆）

山形県北部の各地域における岩相層序を東西に配置したものである（佐藤，1986）．ここでは，岩相が変化する時期が地域間で大きく異なっている．これは中期中新世初頭の海進によって各地域の水深が最大となった後，後期中新世になって起きた東北日本の上昇が，東側の宮城県境の脊梁山脈付近から始まり，次第に西側の日本海沿岸へ次第に移っていったことを示している．

　このような広域の層序対比を行うには，正確な対比による同時性の裏付けが必要である．従来，東北日本の日本海側地域の，いわゆるグリーンタフ地域では，グリーンタフ形成後の新第三系層序が，大局的にはどこでも同様であるとされていた．それは鍵層対比や放射年代のデータが不十分なため，岩相による対比と貝類化石や植物化石による化石層序が基調にあったためである．しかし，古生物は古水深や気候などの環境に応じて棲み分けており，岩相もその環境変化を示している．したがって，それらによる対比は同一時間面を示すとは限らない．

　上記の例では，次節（B-2）以降で述べるような，浮遊性微化石層序に基づく対比が実現した．そのほか，古地磁気層序は地球規模で同時に変化するので，同時性を検証する最良の手段である．とくに海成層では，浮遊性微化石層序と古地磁気層序を同一断面で検討できるので，両者の層準の対応関係が明確になる．さらに，この手法は，日本国内の対比はもとより，世界各地との対比を可能にするので，年代層序（地質年代）の決定や地球規模の環境変化の様子を理解することにつながるであろう．

B-2　生層序

　生層序区分は化石の分布をもとに累重する地層を区分することであるから，1つの生層序単元は層序学的（垂直的・時間的）変化によって区分されるのはもちろん，同一時間面において，地理的（水平的・空間的）にも分布が限られる（図 B-2-1）．その限界は，後者の場合は環境の地理的変異に関連する生物分布の限界によるのに対し，前者は環境の時間的変化と生物タクサの出現から消滅に至る生存期間にかかわるものである．**生層序**（biostratigraphy）の研究では，その目的に応じて調査対象を選定する．

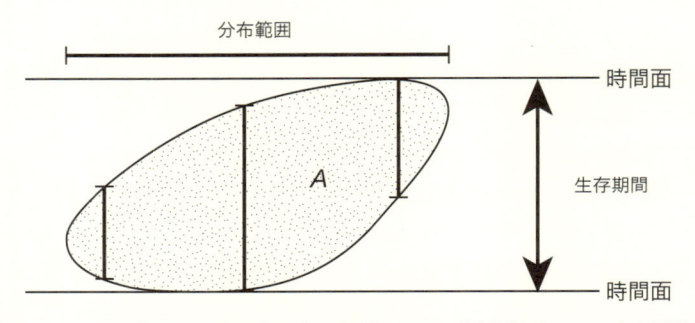

図 B-2-1　生層序単元の地理的分布の限界，および層序断面による産出層準区間の変化と生存区間の関係（長谷川原図）

B-2-1　大型化石
（1）　化石の発見

　大型化石を見つけるコツは，地層の表面に現れている兆候，周囲とは異なる何かを見つけることである．露頭を遠目で眺めたとき，

ある層または部分だけ，色合いや表面の滑らかさなどが違っている，あるいは張り出したり，凹んだりしていることなどに着目する．露頭に近づいたら，そのような層ないし部分を中心に，周囲と違って見えたものが何であるのかを確認する．もしかすると，それは化石ではなく，鍵層のこともある．いずれにしろ，予測をしながら露頭に近づいて，予測が当たればうれしいし，はずれても思いがけない発見が待っているかもしれない．

貝化石の殻が残っている場合は，すぐにそれとわかるだろう．風化が進んで露頭全体が褐色に見えるようなとき，殻の残っていない貝化石層では，その単層の表面がもやもやして滑らかさがなく，貝殻の断面痕が赤褐色に変色しているというようなことも多い．植物化石では，同じように赤褐色または黒色の小さい点や筋として見えるだろう．露頭の張り出しは相対的に堅い部分である．それは化石の石灰分が溶け出して，周囲を固結させたための場合もある．あるいは，化石層の部分だけ固結度が低いために凹んでいることもあるし，大きな凹みは多くの化石採取者によって採掘された跡であるかもしれない．

大きな露頭の下部は崖から落ちた岩石片による崖錐で埋められている場合がある．そこには適度に風化して岩片に化石が浮き出ていることが多い．その場合，母岩の岩相をもとに，露頭のどの層準から落ちた岩片なのか確認する．似たようなケースで，北海道の白亜系ではアンモナイトを含む転石（多くはノジュール）が河床に見つかることがある．その場合も，その岩石の起源露頭を確認しよう．左・右両岸の斜面を，発見地点から上流側に向かって確かめて行く．また，枝沢があれば，その奥も可能性がある．上流側に向かって行くとき，起源露頭に近づくにつれて同種の転石の頻度が高くなるに違いない．当然，目的の露頭を通り越してしまえば，同種の転石は見られなくなるだろう．もしも，母岩の層準がわからなかった

場合，せっかく見つけた化石も生層序学的には価値の低いものになってしまう．

　石灰岩に含まれるサンゴ類やフズリナなどは母岩の色と同一で見分けにくいことが多い．そのようなとき，破断面を水で濡らすと，化石の形態が見やすくなる．

（2）　化石の採取

　大型化石の採取方法は，種類ごとにさまざまな工夫が凝らされている．詳細については他書に譲り（たとえば，化石研究会 編，2000），ここでは採取とクリーニング（次項）について，一般的な方法を述べる．

　化石を見つけても，すぐにハンマーをふるってはならない．まずは，地形図にその露頭の位置を，そして柱状図のその層準にマークをつけよう．ついで，化石の産状を観察する．目的はその古生物の古生態（生息時の情報）や化石または化石層の堆積過程を考察するためのデータを得るためである．それには，露頭面や層理面のスケッチまたは詳細な柱状図によって，化石の位置と埋没姿勢，生痕化石，上下の単層群の葉理・級化構造・乱堆積その他の堆積構造を記述する．図面で表現しにくいところは文字で補足する．また，写真を撮っておくとよい．スケッチや写真ではスケールを入れることを忘れずに．

　いざ露頭を叩く段になったら，化石からやや離れた箇所を，化石を取り巻くように割って，なるべく大きなかたまりとして取り出すようにする．その場合でも，見えている部分が大きな個体の一端である場合もあるので，化石の大きさを考慮しながら，慎重に作業を行う．取り出した固まりから化石を分離するために，周囲の岩石をはずす．ただし，無理してきれいにはずすよりは岩石がついたまま実験室に持ち帰るほうが，多少重くはなるが，化石を壊す危険性が少ない．

1つの単層内に多種類の化石が含まれる場合，目立つ種類や保存状態のよい個体を数多く採取しがちで，本来の群集組成とは異なる結果を得てしまうことがある．これを避けるため，たとえば，一定面積の範囲から小型の種類や破片も含めたすべての個体を採集するとか，採集時間を一定の時間に限るなどの方法が考案されている（化石研究会 編，2000）．また，1つの露頭内で，ある程度の広がりをもって化石が見られるときには，複数箇所に分けて採取するよう心がける．

化石を地層から取り出すときは，化石を壊さないよう，使う道具にも注意が必要である．標準的にはハンマーとたがねが使われるが，ハンマー（ピック型，チゼル型，大割り）やたがね（平，丸；大〜小）にも種類があり，そのほかに，つるはし（大〜小；図 B-2-2），ねじり鎌，釘，針，スクレーパー，パレットナイフなどさまざまなものが考案されているので，化石の種類，保存状態，地層の堅さなどに応じて，ふさわしいものを選ぶことができる．たとえば，やや大きなノジュールを割るには大割り，とくに堅硬ではない堆積

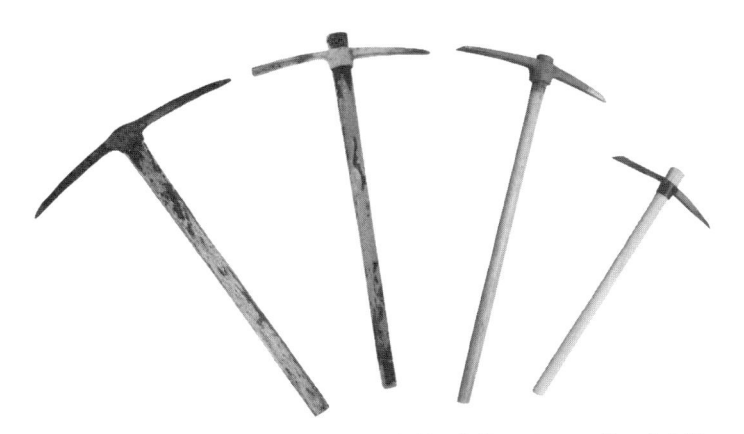

図 B-2-2 微化石試料採集つるはしの各種．左端は両づる，他は十字鍬

岩では小型のつるはしが重宝である．第四紀の未固結堆積物であれば，ねじり鎌やスクレーパーで簡単に取り出せる．

　風化した露頭で，化石が溶け去って雌型が印象として残されている場合，その部分を含む岩石を丸ごと持ち帰るか，それが困難なときは，その場で印象材を使って型取りをする．印象材としては，石膏，シリコンゴム，モデリングコンパウンドなどがある（化石研究会 編，2000）．

　採取した化石は油性フェルトペンで母岩の部分に試料番号を書き，新聞紙などで包装してから，隙間のないように梱包する．なお，化石を化学分析に使う可能性があるなら，油性ペンでの書き込みや新聞紙の包装は避け，アルミホイルで包んだうえでビニール袋に入れ密封する．また，脆い化石の場合は，現場において瞬間接着剤などで補強し，梱包にも注意を払う．

注意点（本シリーズ第1巻，B-9も参照）

　ハンマーをたがねの代わりにして，別のハンマーで叩くような使い方は，絶対にしてはならない．それは，ハンマーのヘッドは焼き入れしてあり，同じ堅さのもので叩くと鋼が鋭利な破片となって飛び，顔（とくに，目）を傷つける危険性が高いからである．ハンマーで岩石を叩く場合も，岩片が飛び散ることは多い．安全メガネの装着を習慣づけたい．

　また，たがねを使う場合，それを持つ手をハンマーで叩いてしまうことも少なくない．近年は防護用のパットを付けたものも市販されている．

　露頭の下部は崖錐に埋まっていることがあるが，そこは落石が多いことを示している．大きな岩石が落下する前にはぱらぱらと小石が落ちることが多いので，そうしたわずかな兆候にも注意を払う必要がある．とくに雨上がりは，崩落の危険性が高い．また，小石で

さえも，崖の上部から落ちてきたものが頭に当たれば大けがのおそれがある．ヘルメットの着用を心がけたい．

(3) **クリーニング**

　採集した化石は研究室に運んでから，周りに付着した岩石を取り去る（クリーニング）．その際，化石周辺の詳細な堆積構造，あるいは化石自体の変形などの詳細な観察と記載を行うようにする．それは，露頭で十分な時間がなかったり，化石採取に夢中になって見落としていた情報が，室内で得られる可能性が高いからである．

　作業は，はじめに試料を化石全体の形が見えるように大まかに削り，次第に細部を削るようにする．これには，一般的に小型のたがねとハンマーを使用し，化石の見えているところから取りかかる．それは，見えない部分では化石の形態がわからずに，思いがけず化石をいためてしまうことを避けるためである．また，たがねを化石に対し垂直に，そして先端を少し浮かせて，母岩表面を打つようにする．なお，未固結〜半固結の堆積物中の化石については，水を含ませたブラシや竹串などで堆積物を剥ぎ取る．

　また，電動工具のエアスクライバーやサンドブラストを用いると，作業効率は高くなる．サンドブラストは研磨剤を吹き付けて岩石を削るもので，強力ではあるが削り過ぎたり化石表面に細かな傷をつけるおそれがある．なお，これらはほこりを多く出すので，防塵排気装置や防塵マスクなどの準備が必要である．

　石灰岩や石灰質ノジュールに含まれる化石を取り出すには酢酸が使われる．母岩をある程度取り除いた状態で，濃度3％程度の溶液に浸しておく．なお，化石も溶けるので，化石の表面に溶かしたパラフィンを筆で塗っておくとよい．

　崩れそうな岩石や化石の補強あるいは破損してしまった化石の補修には，エポキシ樹脂系接着剤・酢酸エチル系接着剤・シアノアクリレート系接着剤（たとえば，アロンアルファ201）・合成ゴム系

接着剤などや，ラッカーなどを使う．液剤を染み込ませるためには真空ポンプをつないだ真空デシケータなどに入れ，薬剤の浸透を促す．この際，揮発性溶剤を吸わないよう，部屋の換気をよくするよう心がける．

B-2-2　微化石試料の採取
（1）　採取計画

微化石は海成のシルト質砂，シルト，粘土などの細粒堆積物やそれらが固結した堆積岩，および石灰質岩に普遍的に含まれる．さらに陸水成の細粒岩にも珪藻や花粉などの微化石が含まれている．

微化石研究用の試料は，目的に沿った採取計画のもとで系統的に採取したい．すなわち，微化石年代を検討する場合は，地層の走向に直交する方向に一定の間隔（層位的間隔）で採取するとともに，岩相の変わり目や不整合などの近辺では層位間隔を細かくする．また，古環境解析の場合は，鍵層を利用して，同一時間面に沿った層相の変化との関連性が追究できるような試料採取計画を立てるとよい．それにはまず，岩相層序の節（B-1-1）で述べたように文献調査を行い，調査地域における層序，地質構造，年代や堆積間隙などに関する見解の不一致・混乱，対象となる微化石とそれ以外の微化石・大型化石などの産出状況などの情報を整理して，問題点を洗い出す．

現地では，はじめに以下の事項について予備調査を行う．

① 　岩相層序：層序区分や年代的な不連続性に関する問題があれば，それに関連する地質調査を行い，微化石調査が果たし得る役割を検討する．また，鍵層などの目安となる単層を確認しておく．

② 　地質構造：断層や褶曲軸の位置や形態を確認する．あわせて，大規模なスランプ構造や地滑りについても検討する．

③ 露頭の状態：露頭の連続性や風化の進み具合，級化構造の有無，生物擾乱の程度，貝殻密集層の構造などを観察する．
④ 微化石の産出状態：風化の状態と比較しつつ，ルーペで確認する．石灰質微化石は海成の細粒砂（岩）〜シルト（岩）に含まれ，石灰質岩であれば量も多い．石灰質ノジュールや石灰岩にも含まれるが，堅硬で分解処理の困難なことが多い．野外調査の際には，貝化石の保存状態が石灰質微化石殻の保存状態を判断する目安となる．珪質微化石の場合，多くは海成泥質堆積物（泥質岩）に含まれるが，珪藻は湖成層からも産出する．また，珪藻は顕著な続成作用を受けた硬質泥岩からは検出されないが，それに含まれる炭酸塩ノジュールには保存されていることが多い．放散虫はチャートからも産出する．花粉・胞子は泥質堆積物（泥質岩）に含まれ，とくに炭質堆積物に多い．

以上を検討したうえで，目的とする地層の全層準から，代表的な試料を採取する．採取試料は実験室に持ち帰って予察的な処理を行う．微化石処理には，対象とする化石の種類や岩石の硬さに応じてさまざまな方法があるので（B-2-3 微化石処理，参照），採取試料についていくつかの方法を試し，目的に合致する処理法を選定する．このような予備調査によって，本調査で採取予定の試料の量や個数に応じて，使用する器具や薬品の種類と量を見積もり，前もって準備することができる．

（2） 試料採集

採集ルートと採取層準

文献と現地での予備調査を基に試料の採集計画を立てる．採集ルートの選定は，化石年代層序と古環境復元のいずれを目的とするかによって異なるが，一般的には地質構造が単純で，かつ，地域を代表する層序断面が認められるルートを選ぶ（図 B-2-3）．

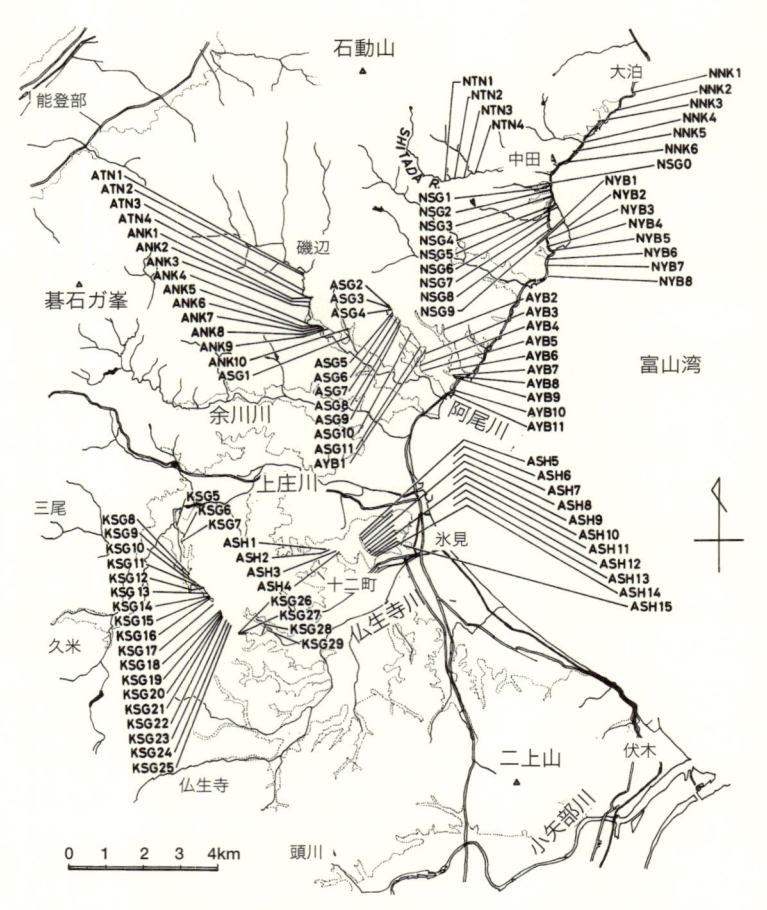

図 B-2-3 富山県氷見市の新第三系の微化石試料採取位置（長谷川原図）

　微化石年代層序を目的とする場合，地層の走向を横切る方向のルートであれば，一定の層厚（年代幅）を相対的に短い距離で採集することができる．しかし実際上，目的とする全層準が単一ルートに

連続して露出することは稀である．そこで全層準をカバーするようにして，露出状態のよい複数のルートを選定する．その際，各ルート間は鍵層によって対比する必要がある．しかし，対比に役立つ鍵層がどこでも認められ，確実に追跡できるとは限らない．そこで，複数ルートを選定する場合でも，ルート数は最小限に抑えるのが望ましい．

　試料の採取層準は各選定ルートにおいて，一定の層序間隔で採取したい．その間隔は，対象とする地層の全層厚と調査期間によって異なるが，標準的には層厚が数百 m の層序断面において 10 m～20 m 程度の間隔である．ただし，地層の境界，岩相の変化する層準，堆積速度の低下が予想される層準などでは，適宜，間隔を狭める．なお，試料を連続的に採取する特殊な方法については，B-2-2 (3) 特殊サンプリングの項で説明する．

　露出条件がわるかったり，地質構造の複雑な地域や，断層によって他から切り離された層序断面の場合，短いルート，あるいはいくつもの孤立した露頭が調査対象となる．そのときは，試料採取間隔を通常よりも狭くするとともに，1 露頭につき 2 つ以上の層準で試料を採るなど，微化石が確実に検出できるように心がける．

　古環境復元が目的の場合は，対象地域内で同一時間面を追跡し，その層準を基準とした一定の層準で試料を採取する．その基準として，凝灰岩鍵層がよく使われる．その場合，生物擾乱などのために下位層の火山灰粒子が上方に引きずられて，鍵層の直上が凝灰質になり，混入した火山灰粒子による希釈で微化石の個体数が相対的に減少することが多い．そこで，試料は鍵層の直下で採取する．ただし，凝灰岩によっては下位層を削って堆積することもあるので，鍵層より下位の層序や，さらに下位の鍵層との層位間隔に注意を払う必要がある．

　複数の同一時間面を追跡して，面的広がりをもって古環境変遷を

辿る場合には，始めに多数のルートを選定し，全ルート間を鍵層によって対比する．そして，それによって構築された時間的（＝層序学的）空間的枠組み中で試料を採取する．また，試料の時間的間隔を一定にするためには，複数の層準について浮遊性微化石や古地磁気層序によって年代を確定し，その間の堆積速度を算出する（B-2-6を参照）．

採取地点

　タービダイトのような堆積後の再移動による二次堆積層には，流動の過程で下位層から洗い出された化石個体が混入する可能性がある．タービダイト層が卓越する砂岩泥岩互層では，タービダイト層直上の遠洋性粘土の部分のみを採取するよう心がける．

　露頭の表面や岩石の割れ目は，大気中の二酸化炭素が溶けて弱酸性になった降水や地下水が染みて，石灰質殻の化石が溶脱している可能性が高い．そこで，試料の採取ポイントを定めたら，露頭の表面を剝がして新鮮な部分があることを確認する．一方，石灰岩やチャートでは，風化によって表面に化石が浮き出していることがある．その場合には風化面を含めて採取するほうがよいこともある．

　固結度の低い堆積岩の場合，その色調は新鮮さの目安となる．通常の泥岩やシルト岩では，風化部分は褐色を呈するか，暗灰色で表面に黄色の粉をふくが，掘り進むにつれて淡灰色から暗灰色に変わり，新鮮部分では（淡）緑灰色となる．石灰質シルト岩では，風化部分は褐色ないし淡橙色であるが，新鮮な部分は明灰色となる．また，細粒砂岩では，風化部分は淡灰色ないし黄色であるが，新鮮部分は青灰色を呈することが多い．

　河床の泥質岩の露頭で凹凸がある場合，水面より突き出ている箇所に隣接するやや凹んだ部分から分解処理の容易な岩石試料を採取できることが多い．突き出た部分はノジュールや珪質ないし砂質で相対的に堅いので，そこから採取した試料は分解処理に手こずる可

能性がある．反対に，局所的に深く削り込まれていたり，そこに現在の砂礫で埋まっているような部分は，軟質な層準であるかポットホール（礫と水流の作用で生じた局所的窪み）のいずれかである．後者の場合は，微化石研究にちょうどよい試料となりうるので，その凹みの壁面をいただこう．一方，前者は軽石凝灰岩や固結度の低い砂礫岩などの場合が多いので，微化石用試料としては適当でないかもしれないが，重要な鍵層になり得るので確認を怠るべきではない．

採集用具

- ハンマー：堅硬な岩石やノジュールの採取，およびブロック状岩石の面取り．
- たがね：堅硬な岩石やノジュールの採取．
- つるはし類

  両づる：道路工事用で使われる大型のもの．金物屋・ホームセンターで入手可能．大型で重いため，単身で調査を兼ねる試料採取には不向き．

  十字鍬：ヘッドの一方が尖り，片方は平たいもの．中型〜小型の数種類がある．ホームセンターで入手可能だが，地方によっては常備してないこともある．高知産の物はインターネットで入手可能．北海道で氷割りとして季節販売している小型の物は柄が細く，折れやすいことがある．

- スコップ：第四系の未固結堆積物用．表土を剝ぐのにも使用．
- 試料用袋（ビニール袋）

  大型（幅 23×長さ 35 cm，肉厚；標準的な微化石試料用）から小型（幅 6.0×長さ 8.5 cm，チャック付；石灰質ナンノ化石用）まで，各種サイズがある．

- 園芸用結束材（ねじりっこ，ビニタイなど）：大型でチャックのない袋の口を止めるのに使う．文具店・園芸店で入手．

- 荷札：試料番号を記入し，袋に貼付（袋を捻って縛る場合，縛り目の直下につける）．
- 記録用ペン
  油性フェルトペン：ビニール袋の両面に試料番号などを記入（赤インクは消えやすい．経験的には黒インクが最適）．

採集方法

試料の採取には，堅硬な岩石に対しては通常のハンマーを用いるが，つるはしの先端が多少でも刺さる程度の堅さの岩石には，つるはしの利用により，試料を効率的に採取できる．使用する際は，なるべく亀裂のない部分を採取位置と定め，以下の手順で試料を採取する．

① 幅約 50 cm 以下，やや縦長の四辺形の範囲で，露頭の風化した表面を剥ぎ取り，新鮮な岩石が現れたら，さらに 5〜10 cm 程度掘り進む．もしも，風化部分に厚みがあって 1 m も掘らねばならない場合には，露頭表面で剥がす風化部分の範囲も広くなる．

② 掘った範囲の左右両辺と上辺にあたる部分をさらに掘る．左右両辺については，中心部分を残して縦方向の溝を作るような意識で掘るが，その際，穴を左右に広げる必要はない．上辺は，左右両辺の上端部を掘りやすくするために上部を削るという意識で掘る．

③ 左右両辺の溝が次第に中央寄りになり，つるはしの一振りごとに中心部の表面が剥がれるように割れるので，時折その岩片をルーペで覗き，微化石の有無や保存状態を確認する．その際，稀に大型の微化石が見つかることがあるので，小型のビニール袋に入れて，別個に保管するとよい．

④ 掘り始めからの深さが 20 cm 以上になると中央部分が直径 20 cm 程度の高まりとして残る．左右どちらかの溝の上端部

を，高まりの中央部めがけてつるはしを打ち込む．高まり部分が固まりとして浮き上がれば理想的な試料となる．なお，砂質岩などでは固まりとして採取できないこともある．

　以上は，河岸の崖や道路沿いの法面のような露頭における方法である．その場合，つるはしは斜め上から打つが，できれば左右どちらでも同じ力で振れるようにしたい．それは，露頭によっては足場の関係で一方からしか振れないこともあるからである．

　つるはしの使用はハンマーよりも全身を使うので，慣れないうちは力を無駄に使って疲れるわりには試料が採れないし，力み過ぎて腰を痛めることにもなる．つるはしを右上に振り上げる時を例にすると，左手は常に柄の根元をしっかりと持ち，右手は柄の中程に軽く添えるのを基本とする．持ち上げるときは，右手で柄の中程からややヘッド側を持って引き上げる（図 B-2-4 a）．振り下ろすときは，右手は柄の中程から根元側にあて，左手を回転軸にしつつ引き下ろす．その際，右手と腰を使ってヘッドの初速を高めるよう力を加える（図 B-2-4 b）．振り出したら，左手はヘッドの切っ先が目標とする打点に命中するようコントロールする．右手は力を抜いて柄に添える程度にする（図 B-2-4 c）．（右手で柄を強く握り続けるのは，ヘッドの動きを押さえることになる．また，打ち込んだ瞬間に柄を折る原因にもなりうる．）目標にあたる瞬間から直後は，ヘッドの跳ね返りを押さえるために，右手にやや力を加える．

　河床面で足下から試料を採取する場合も，大略は同じ手順で採取するが，風化部分が少ないうえに，足場の位置を自由に変えられるので，一般的には掘りやすい．また，この場合にはつるはしを真上に振りかぶって使えるので，とくに力強い試料採取が可能である（図 B-2-4 d）．

　水流があってまさに侵食が起きているポイントでは，わずかな段差のできているところがあるので，つるはしを段差の縁から 20 cm

図 B-2-4　微化石試料の採取（a〜d は本文を参照）

程度のところで縁に平行な線状に打ち込むと，幅20 cm程度のブロック状に岩石が割れることが多い．ハンマーを用いてそのブロックを，岩石標本の面取りと同様の方法で，変色したり苔の生えた表面部分を外せば，手早く微化石用試料が得られる．この方法は割れ目が多い岩石についても同様で，掘り進んで固まり状の試料を得ることが難しい場合に，割れ目（節理）の間隔が比較的大きい部分を探し，割れ目を利用してブロックを取り出してから，ハンマーで面取りをする．

ノジュールの場合，できるだけ直径10 cm以下の小さなものの中央部を採取する．大きなノジュールはハンマーで小さく砕いて，中央部分を持ち帰る．なお，試料として必要な大きさは2〜3 cm程度なので，大きなノジュールは破壊に時間がかかるだけで効率は悪い．

採取する岩石の量は分析に使う量の数倍程度を目安とする．著者らは，有孔虫や放散虫では，試料用ビニール袋（23×35 cm）に1/2〜2/3程度を採取している．また，珪藻なら数十g（握りこぶし大），石灰質ナンノ化石ではその半分程度の試料で事足りる．試料を採取したら，以下のように格納する．

① 試料袋の両面に試料番号を油性フェルトペンで記入する．そのとき，地域や層準の概略を付記すると，試料を整理するときや記号が消えかかったときなどに役立つ．

試料番号：ルートまたは地域名の略号と数字の組合せで，番号は層序の下位から上位に向かってつける，というように決めておくと整理しやすい．野外調査中につける露頭番号や日付とその日の試料採取順序を試料番号とすることもある．

地域名：試料番号につけた記号の意味や近くの目標物など．
層準：鍵層や他の試料採取層準との関連性．

② 試料を袋に入れて，封をする．チャック付きの袋ではチャックを閉め，そうでないときは，園芸用結束材などで口を縛る．
③ 露頭の位置を地形図に記入し，試料番号をつける．
④ 採取層準を柱状図（または野帳）に記入する．
⑤ 写真を撮る．

運搬

試料の運搬には宅配便などを利用する．箱詰めの際には以下の点に配慮する．

① 袋の破損による岩石片の漏れとそれによる汚染の防止．
　岩石の角による袋の破損を防止する．万一破れていたら，別の袋に詰め替えるか，袋を二重・三重にする．
② 袋が擦れて試料番号が消失するのを防止．
　野外で書いた文字がかすれていないことを確認する．万一，消えかかっていたら書き直す．
③ 宅配荷物には25〜30 kg（取扱業者による）の制限重量がある．これを超えると，その荷物を扱える取次店が限定される．

試料採集の注意点

野外での視認が困難な微化石について，試料採取時にもっとも留意すべきことは，"コンタミ"（contamination，**混染**または**汚染**）防止である．混染源としては，周囲の土壌と風化した岩石片，河床の苔，それに前の露頭でハンマーやつるはしの先端に付着した岩滓などがある．そこで，次のようにして，コンタミを防ぐよう心がけよう．

① ハンマーやつるはしに前の露頭の岩滓が付着していないことを確かめる．
② 露頭で掘り始めるとき，表土を剥がす範囲は実際に掘る範囲

よりも大きめにする．
③ 採取試料を袋に入れるとき，風化土壌や周囲の草や苔が入らないように気をつける．珪藻や花粉・胞子の場合は，湿った露頭の表面に現生の個体がついている可能性があるので，できるだけそれらを巻き込まないように気をつけ，実験室での処理では試料を割って新鮮面を使うよう心がける．
④ 硬い岩石の場合，とくに岩石の尖った角や鋭利な稜でビニール袋を破ることがある．岩石を整形し角を落としておくとか，紙で包む，角が直接袋に当たらないように詰め込むなどを心がける．

危険防止はフィールドワーク全般に共通する．以下の点に気をつけよう．
① ハンマーやつるはしを振るう際に岩片が飛散するので周りの人にも注意を向ける．河床では水がはね上がるが，濁り水が目に入ることもある．安全メガネの装着を習慣づけたい（通常の眼鏡も飛散物を防いでくれるが，意外にメガネの上・下からも入ってくる．また，レンズを傷つけることも多い）．
② つるはしでは，あたり損ねたヘッドが足を打つ，柄が折れてヘッドが思わぬ方向に飛ぶ，振り上げたヘッドが後ろに立つ人に当たる，といった事故の恐れもある．
③ 微化石試料の採取は，ハンマーによる通常の露頭観察よりも露頭を叩く時間が長くなる．また，衝撃により周囲の岩石が崩落することもある．採取作業中，常に露頭の上部や側方の状況把握を心がける．小石の落下は大きな岩塊が崩落する前兆かもしれない．
④ ハンマー・つるはしの振り方に早くなれよう．慣れないうちは，ハンマーで片方の手を叩く（ピックの場合は刺す），空振りして足を叩いたり腕の腱を痛める，岩石を叩いたハンマ

ーが反動で顔に向かってくるといったことが起こりうる．つるはしの使用時は力みすぎないように．

（3） 特殊サンプリング

通常のハンマーやつるはしによる採取法では，層厚にして10～20 cmの範囲内を一括して採取する．しかし，堆積速度が著しく低下する層準や顕著な環境変化の層準について，層序学的に詳しく検討することがある．そのような場合，現場でスクレーパーやパレットナイフを使って，ラミナあるいは1 cm単位で削り取ることができる．しかし，この方法では定容積での試料採取がむずかしいうえ，1つの露頭に費やす時間が長くなる．そこで岩石を以下で述べる方法で切り出し，実験室で必要な大きさの試料に切り分ける方法が試みられている．これは，定容積で連続的な試料の採取に要する現場での作業時間を短縮するとともに，試料の分取を実験室で行うことにより使用器具の洗浄を容易にするので，コンタミ防止の面からも推奨できる．

携帯用コアドリル

携帯用コアドリル（図B-2-5）を用いた微化石用試料の採集は，尾田・酒井（1977）で実施され，高柳 編（1978）で紹介されている．そこで使われたガソリンエンジンによるコアドリルは特注品で，携帯用としては重量がある．一方，最近では軽量のコアドリルが市販され，おもに古地磁気研究用試料の採取に使用されている．ただし，これは排気量が小さく非力なため，扱えるコアビットの口径が小さく，採取できるコア長は短い．微化石試料用としては，数本のコアを採取することで必要量を確保できる．しかし，採取できるコア長が短いので，あらかじめつるはし等で岩石の新鮮面を深めに掘り出す必要があり，また，層位学的変化を捉えるには物足りない．

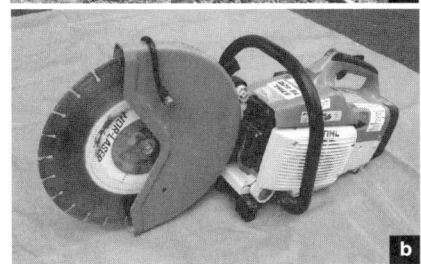

図 B-2-5 機械による試料採取．a：コアドリルによる採取，b：エンジンカッター（以上，長谷川撮影），c：エンジンカッターによる採取（阿部恒平撮影）

エンジンカッター

エンジンカッター（図 B-2-5）は硬質岩からなる地層を切り出すのに使われている（長谷川ほか，2002）．その方法は以下のとおりである．

① 層理面に直交する向きで柱状試料の位置を決め，表面の風化部分を取り除いてから，表面が平らになるよう削る．
② 柱状試料の両側面にあたる位置をエンジンカッターで切り込む．
③ 両側の切り込みの外側から，② の切り込みの下底に向けて斜めに切り込む．

④ ③の切り込み側をたがねやバールでこじり，②と③の切り込みで挟まれた両側2カ所の楔状部分を取り除く．

⑤ ④によってできた中央部分の高まり（＝試料；中央の柱状部分）の破損を防止するため，高まりの部分を石膏で覆う．

⑥ 石膏の乾燥後，④と同様に溝の下底から，中央の柱状部分の奥に向けて斜め下方にエンジンカッターで切り込みを入れる．

⑦ 最後に，中央の柱状部分の基底部にたがねを打ち込み，柱状試料を壊さないように取り出す．

この方法は層理面（または葉理面）に剝離性がない岩石の場合に完全な柱状試料が得られる．ただし，柱状試料の表面やその裏側を平滑にすることはむずかしい．柱状試料の両側はカッターで切るので比較的平滑だが，切断面を平行にするにはカッター操作の熟練が必要である．

なお，カッターの刃は，高速回転中はもちろん回転していなくても切れ味がいいので，取り扱いに十分注意する必要がある．

軟岩角柱試料採取法

半〜未固結堆積物を柱状に取り出す方法で，著者らが第四紀の津波堆積物の研究用に考案した方法（阿部ほか，2004）であるが，固結度の低い岩石ならさらに古い時代の地層にも適応可能である．作業は以下の手順で行う．なお，手順⑫以降は実験室内での作業である．

使用器具（図B-2-6）：L字ステンレス鋼（一片2.5 cm，長さ50 cm；2本），アルミ板（幅5 cm，長さ50 cm；1枚）；ねじり鎌，プラスチック・ハンマー，へら（大，小）；食品包装用ラップフィルム，ビニールテープ（幅広，小），フェルトペン，ワイヤー（実験室内）

① 層理面に直交する向きで柱状試料の位置を決め，表面の風化

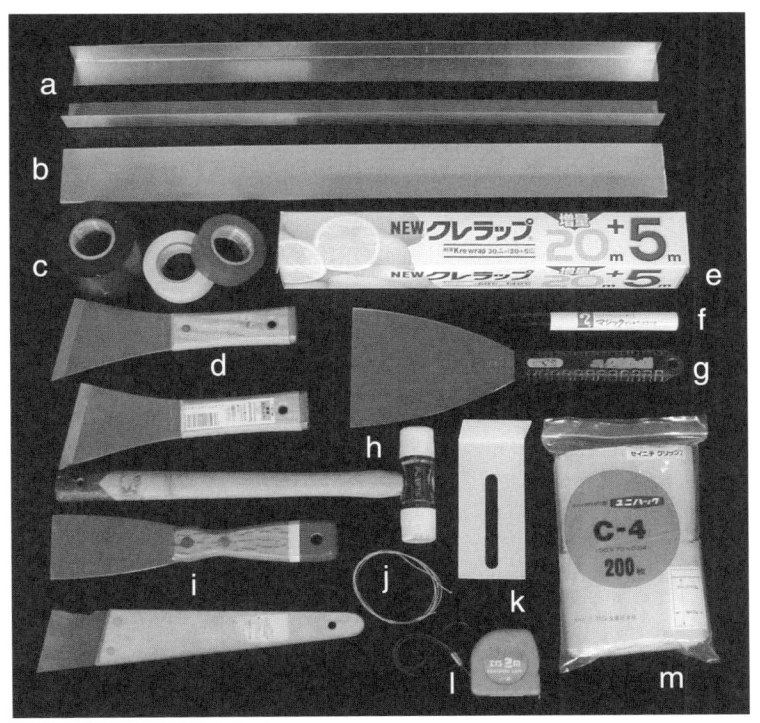

図 B-2-6 角柱試料採取に用いる器具類. a：L字ステンレス鋼（2本）, b：アルミニウム板, c：ビニールテープ（幅広と普通の2種）, d：スクレーパー（2セット）, e：透明プラスチックラップ, f：油性フェルトペン, g：幅広スクレーパー, h：プラスチック・ハンマー, i：5 cm幅スクレーパー（2セット）, j：ピアノ線, k：L字金具, l：メジャー, m：チャック付き透明ポリ袋（i-mは実験室内で使用）.（阿部恒平原図）

部分をねじり鎌などで取り除きつつ, 幅約10〜15 cm, 高さ70〜80 cm程度の範囲を平らに削る.
② 露頭面の記載と写真撮影を行う（図 B-2-7 a）.

③ L字ステンレス鋼（以下，L字鋼）の一片を露頭面にあて，それに沿ってへらで深さ 2.5〜3 cm 程度まで露頭を切り込む．

④ 作成した切り込みに，L字鋼の一面を差し込み，プラスチックハンマーで打ち込むが，完全に打ち込み終わる直前で一旦止める．

⑤ L字鋼の面と露頭面の間にアルミ板を差し込んでから，アルミ板を押さえるようにL字鋼を最後まで叩き込む．

⑥ 挟んだアルミ板に沿って，先の切り込みと平行な深さ 2.5〜3 cm の切り込みを入れ，そこに別のL字鋼を差し込み，しっかりと打ち込む（2本のL字鋼とアルミ板の上下端が一致するように気をつける）（図 B-2-7 b）．

⑦ 幅広のビニールテープで2本のL字鋼を固定し，フェルトペンで上下方向，試料番号などを記入する（図 B-2-7 c）．

⑧ L字鋼の下端にへらを差し込みL字鋼等が落下しないように固定する．

⑨ 差し込んだ2本のL字鋼の外側（左右および上下）を，スクレーパーを使って差し込んだ先端部分が見えるところまで削り取る（図 B-2-7 d/e）．

⑩ さらに，大きいへらをL字鋼の奥に向かって，両側から斜めに差し込み，5角柱状の試料を取り出す（図 B-2-7 f）．

⑪ 採取した試料をラップフィルムでくるみ，さらに，ビニールテープを巻いて，水平にしたまま実験室に持ち帰る．

⑫ 実験室において，梱包を解いた柱状試料を，下位側をL字金具で押さえて作業台に水平に固定する．

⑬ 試料のL字鋼の組合せ枠からはみ出た部分をワイヤーで上位側から切り取る．切り取ったはみ出し部分は，微化石用の予備試料として保管する．

図 B-2-7 角柱試料採取の作業工程（千葉県館山市巴川，a〜f は本文を参照；長谷川撮影）

⑭ 組合せ枠に囲まれた角柱状試料はカット面をへらで平らに整形し，写真撮影と記載を行う．
⑮ 高解像度微化石用定量柱状試料として，目的に応じた厚さにスライスする（1 cm 厚の場合 12.5 cc）．

B-2-3 微化石処理

　各種微化石を堆積岩～未固結堆積物から取り出し，観察用のスライドないしプレパラートを作成する方法（いわゆる微化石処理法）は，対象とする微化石の種類によってさまざまである．また，各分類群についても，いくつかの手法が考案されている．ここでは，岩石の分解処理に関して代表的な方法を述べる．観察用のスライド・プレパラートの作成，フズリナ類やレピドシクリナなどの大型有孔虫類の薄片標本作成などについては，高柳 編（1978），化石研究会編（2000）などを参照されたい．

　なお，渦鞭毛藻と花粉・胞子の処理では，フッ化水素酸，王水（塩酸と硝酸の混液）など強酸の使用や重液分離の工程において，経験にもとづく熟練が必要であり，その手法は研究者によって異なる部分があることから，本書では試料処理の前段階を中心に紹介し，後半は，専門家の指導にゆだねる．

　なお，以下に述べる7種類の微化石の処理法の中で共通して行われる処理過程については，第8の項目としてまとめて記述する．

注意点

　微化石処理では，強酸その他の劇薬を使う処理の場合もある．その際には，ドラフトチャンバーによる排気，廃液処理，および劇薬に触れた場合の中和剤の準備などの安全対策を確実に行うとともに，常に慎重な作業の実施を心がけること．

（1）石灰質ナンノ化石

　石灰質ナンノプランクトンは，現生する円石藻（Coccolithophorids）など石灰質殻をもつ微小プランクトンの総称であり，また，それと類似の産状を示す石灰質微化石を含めて石灰質ナンノ化石と呼ぶ．以下で述べる**スメアスライド**（smear slide）の作成は，石灰質ナンノ化石としては，もっとも簡便な処理法である．

　① 未固結の試料では米粒大の試料を取り出す．固結した試料の

場合，試料を割り，ナイフで新鮮な部分から同量を削り出す．ナイフで刃が立たないほど硬い岩石はめのう乳鉢で圧砕し粉末にする．
② その試料をカバーグラスに載せ，スポイトで水を1滴落とす．
③ 爪楊枝で試料をカバーグラスに塗り拡げる．粗粒粒子は爪楊枝で軽くつぶす．
④ カバーグラスを100〜120°Cに熱したホットプレートに載せ，試料を乾燥させる．粗粒粒子がある場合はカミソリの刃で削り落とすか，針先で取り除く．
⑤ 観察する微化石に適した封入剤を滴下し，スライドガラスに載せて観察用プレパラートを作成する．

(2) **有孔虫・貝形虫**

有孔虫と貝形虫は同じ方法の処理を行う．未固結堆積物〜半固結岩，固結岩，硬質泥岩・ノジュール，珪質岩など，試料の岩質により，主要な処理法が異なる．

【未固結堆積物〜固結岩】容器：300 ml ビーカー（大量の試料を扱う場合は500 ml または1 l ビーカーを使用）

通常は，硫酸ナトリウム法による岩石の細片化の工程とナフサ法による泥化の工程を併用するが（米谷・井上，1973），岩石試料の固結度や処理効果に応じて，適宜，各工程を繰り返す．また，未固結岩の場合は，水または湯で洗浄するか，クリーニング効果のあるナフサ法を用いる．

① 採取した岩石試料を，実験室か屋外で自然乾燥．海底堆積物など固結度の低い泥質堆積物試料の場合，乾燥に伴う収縮により脆弱な化石個体が差別的に破壊される．これを防ぐためには凍結乾燥が効果的である（Itaki and Hasegawa, 2000）（注：泥質岩を湿った状態で保管すると，石灰質化石が溶脱

することがある).
② 岩石試料を大きさ1〜2cm角程度に破砕後,乾燥重量80gを秤量する(注:有孔虫にまれに見られる大きな個体の破損を防止するため,半固結岩試料では2cmより細かに破砕しないようにする).一方,硬質岩の場合,大きな岩片は次の硫酸ナトリウム法での効き方が弱いので,1cm程度とする.
③ [(a)硫酸ナトリウム法](未固結堆積物では省略)
④ [(b)ナフサ法]
⑤ 紙封筒,薬包紙またはバイアル瓶で保管.

【硬質泥岩・ノジュール】容器:300 ml ビーカー
① 岩石試料を1〜2cm角程度の大きさに破砕後,乾燥重量80gを秤量(一部の硬質泥岩とノジュールで効果がある).
② [(c)ボロン法]
③ 分解の程度により,硫酸ナトリウム法またはナフサ法を併用する.
④ 紙封筒,薬包紙またはバイアル瓶で保管.

【珪質岩】容器:300 ml ポリビーカー
① 1〜2cm角程度の岩石試料をポリビーカーに入れる(試料をポリエチレン網袋に入れて,袋のままポリビーカーに入れてもよい).
② [(d)フッ化水素酸エッチング]
③ 紙封筒,薬包紙またはバイアル瓶で保管.

(3) **放散虫**

有孔虫・貝形虫の処理法に共通する部分が多いが,それに酸処理が加わる.半固結〜固結岩,石灰質岩,珪質岩により異なる手法を用いる.

【未固結堆積物〜固結岩】容器:300 ml ガラスビーカー
① 岩石試料を1〜2cm角程度の大きさに砕いたあと秤量・乾

燥．未固結堆積物の乾燥については，有孔虫の場合と同様に凍結乾燥が有効．
- ② [(a)硫酸ナトリウム法]
- ③ [(b)ナフサ法]
- ④ [(e)過酸化水素法]
- ⑤ [(f)塩酸法]（1 N 塩酸）
- ⑥ 250 メッシュのふるい上で水洗し，乾燥．
- ⑦ 紙封筒，薬包紙またはバイアル瓶で保管．

【石灰質岩】容器：300 ml ガラスビーカー
- ① 岩石試料を 1～2 cm 角程度の大きさに砕いたあと秤量．
- ② [(f)塩酸法]（10 N，200 ml；常温で 1 日放置）
- ③ 250 メッシュのふるい上で水洗し，乾燥．
- ④ 紙封筒，薬包紙またはバイアル瓶で保管．

【珪質岩】容器：300 ml ポリビーカー
- ① 1～2 cm 角程度の岩石試料をポリビーカーに入れる（試料をポリエチレン網袋に入れて，袋のままポリビーカーに入れてもよい）．
- ② [(d)フッ化水素酸エッチング]
- ③ 紙封筒，薬包紙またはバイアル瓶で保管．

（4） 珪藻・珪質鞭毛藻

容器：200 ml ビーカー
- ① 固結した試料はハンマーで粉砕．
- ② 試料 1～2 g をビーカーに入れ，定温乾燥器で乾燥．
- ③ 乾燥重量を測定し初期重量とする．
- ④ [(e)過酸化水素法]
- ⑤ [(f)塩酸法]（1 N，20～30 ml；反応が終わるまで煮沸）
- ⑥ 反応後の懸濁液を別の 200 ml ビーカーに移す．
- ⑦ 底に残った未分解の岩片を水洗して乾燥後，重さをはかる．

この重量を初期重量から差し引いて，処理重量とする（定量分析でなければ，この工程は不要）．
⑧ [(g)デカント水洗]（酸を除去；3〜4回繰り返す）
⑨ 分散剤ピロリン酸ナトリウムの0.01 N溶液を加える．
⑩ [(g)デカント水洗]
⑪ 残った沈殿物に蒸留水を加えて定量試料とし，管瓶等に入れて保存．

（5） 渦鞭毛藻

容器：200 ml ポリビーカー
① 固結した試料はハンマーで1〜2 mm大に粉砕．
② 20 gの試料をポリビーカーに入れる．
③ [(f)塩酸法]（1 N塩酸，2時間放置）
④ [(g)デカント水洗]
⑤ [(h)フッ化水素酸法]
⑥ [(g)デカント水洗]
⑦ 分散剤を加え，かき混ぜる．
⑧ [(g)デカント水洗]
⑨ 臭化亜鉛（比重2.06）による重液分離．
⑩ 上澄みを回収し，開口径12 μm のメンブレンフィルタで吸引ろ過し，微粒子を除去する．
⑪ さらに，シュルツェ液による酸化処理（この工程については，試料の性質や実験室の条件に応じ，薬品の調製や反応時間を経験的に求める必要がある；化石研究会 編，2000）．
⑫ 10％アンモニア水を注ぎ，ウォーターバスで15分間湯煎の後，水洗．
⑬ 残渣を開口径20 μm のステンレスふるいに通し，微粒子を除去（開口径12 μm のメンブレンフィルタで吸引ろ過すると，花粉用試料となる）．

⑭ 管瓶に回収．

(6) 花粉・胞子

容器：300 ml ポリビーカー

① 固結した試料はハンマーで1〜5 mm大に粉砕する．
② 計量した試料をポリビーカーに入れ，10％水酸化カリウム溶液を加えて，ウォーターバスで5〜20分間，攪拌しながら加熱（注：加熱の時間は，炭化度の進んだ試料ほど長くする）．
③ [(g)デカント水洗]
④ 硫化鉄に富む試料では王水に浸す．
⑤ [(g)デカント水洗]
⑥ [(h)フッ化水素酸法]
⑦ [(g)デカント水洗]
⑧ 塩化亜鉛（比重1.96）による重液分離．
⑨ [(g)デカント水洗] 氷酢酸による洗浄．
⑩ アセトリシス液（無水酢酸9：硫酸1の混酸）を加え，ウォーターバスで1分程度，攪拌しながら加熱（注：加熱を3〜15分とする書もあるが，短いほうがよい）．
⑪ [(g)デカント水洗] 氷酢酸による洗浄．
⑫ [(g)デカント水洗]
⑬ 10％水酸化カリウム溶液を加えて，ウォーターバスで数分間，攪拌しながら加熱．
⑭ [(g)デカント水洗]
⑮ 管瓶に保管．

(7) コノドント

【炭酸塩岩】容器：(蓋付き)ポリバケツまたは2l手つきビーカー，および1lビーカー

① 4 cm角の岩石試料500 gをポリバケツ（2lビーカー）に入

れる．
② ［（ⅰ）酢酸法］（未溶解試料があれば繰り返す）
③ ［（ｇ）デカント水洗］（3 回．その際，浮遊微粒子水と一緒に流す）
④ 残渣を 1 l ビーカーに移し上澄みを除去．
⑤ ［（ⅰ）酢酸法］（数時間放置）
⑥ 残渣をろ紙に移してろ過．
⑦ ろ紙を吸湿性のよい紙の上で拡げて，自然乾燥．
⑧ 乾燥後，瓶に入れて保管．

【珪質岩】容器：（蓋付き）ポリバケツまたは 1 l ポリビーカー
① 4 cm 角の岩石試料 500 g をポリバケツ（1 l ポリビーカー）に入れる．
② ［（ｄ）フッ化水素酸エッチング］（フッ化水素酸は 10 倍の水で希釈し，攪拌．低温で 2〜10 時間放置．未溶解試料があれば繰り返す）
③ 表面がふやけてきたら残液を回収し，廃棄処理．
④ ［（ｇ）デカント水洗］（数回．その際，浮遊微粒子水と一緒に流す）
⑤ 水を入れた蒸発皿中で，残渣を 16 メッシュ（開口径 1 mm）のふるいに通し粗い粒子を除去．
⑥ 蒸発皿の残渣を 1 l ビーカーに移す．
⑦ ［（ｇ）デカント水洗］（お湯を使って 3 回）（注：水と一緒に流す浮遊微粒子に放散虫殻が含まれていることがあるので，確認が必要）

(8) **各種の処理法**

【（ａ）硫酸ナトリウム法】
① 破砕した試料を 80℃の定温乾燥器により 48 時間乾燥．
② 熱い試料の全体が十分に浸るように，沸騰した硫酸ナトリウ

ム過飽和溶液を加える．
③ 冷却後，上澄みを捨て，結晶化が進むまで5日間放置．
④ 熱湯を加え1時間以上煮沸．
⑤ 250メッシュ（開口63 μm）のふるい上で水洗し，乾燥．

【(b)ナフサ法】
① 乾燥した試料にナフサを加え，30〜60分放置（冷却）．
② 上澄みのナフサを回収．
③ 熱湯を加え，ナフサがなくなるまで煮沸．
④ 250メッシュのふるい上で水洗し，乾燥．

【(c)ボロン法】
① 6.8gのテトラフェニルホウ酸ナトリウム（NaTPB）と5.8gの塩化ナトリウム（NaCl）を100 mlの蒸留水に溶かしたNaTPB標準溶液を作成する．
② ビーカーに常温の乾燥試料を入れ，試料全体が浸る程度にNaTPB標準溶液を注ぐ．
③ 試料を真空デシケータに入れ，減圧する．
④ 分解の進行具合により，1〜7日間，間欠的に常圧・減圧を繰り返し，溶液の岩石への浸透効果を高める．
⑤ 反応によって油脂状のKTPBが生じるので，アセトンを注いで溶かす．
⑥ 250メッシュのふるい上で水洗し，乾燥．

【(d)フッ化水素酸エッチング】
① 3〜5％のフッ化水素酸を加え，数10分〜1日浸しておく．
② 250メッシュのふるい上で水洗．
③ ①〜②の工程を繰り返す．
④ ふるい上の残渣を回収し，乾燥．

【(e)過酸化水素法】
① 濃度約15％の過酸化水素水（30〜50 ml）を沸騰．

② 試料を入れて，泡が出なくなるまで（30～60分間）煮沸（有機物の除去）．

【(f)塩酸法】
① 1Nまたは10N塩酸を加える．
② 放置または反応が終わるまで煮沸する．

【(g)デカント水洗法】
注：沈殿物を流さないように，容器を傾けて上澄みを注ぐことがデカント（decant，傾瀉）であり，それを応用して，強酸などを希釈し沈殿物を洗浄する方法をデカント水洗法と呼ぶ．花粉・胞子の処理では「傾写法」と記されることがある（化石研究会 編，2000）．
① 沈殿物の入ったビーカーに蒸留水を注ぎ，よくかき混ぜて，5時間放置．
② 沈殿物を流さないように気をつけながら，上澄みを廃棄（この工程に遠心分離器を使うと作業効率が高まる）．

【(h)フッ化水素酸法】
① 55％フッ化水素酸に浸し，約50℃で4時間加熱し，随時攪拌．

【(i)酢酸法】
① 酢酸を10倍の水で希釈し，全試料が浸るように加える．
② 蓋をして，1日放置．
③ 残液を回収し，廃棄処理．

B-2-4 生層序区分の実際

これまでに，さまざまに定義づけられた生層準とバイオゾーンが提唱されてきた．概説編で述べたように，国際的にそれらの整理・統合が検討され，『層序ガイド』としてまとめられている．ここでは，現在使われている生層準とバイオゾーンの特性を理解するため

に，これまでに報告されているいくつかの事例を紹介する．

（1） 生層序単元の名称

生層序単元の公式名称は1つまたは2つの化石名と生層序単元の種類名の組合せで構成される．単元名（バイオゾーン）には，タクソン区間帯，共存区間帯，間隔帯，系列帯，群集帯および多産帯の6種類がある（A-3-3を参照）．

英語表記の場合，単元名として単にzone（帯）が使われることが多いが，zoneはほかの層序区分でも用いられるので，生層序単元を他から区別するためにはbiozoneとするべきである．ただし，そのzoneが明確に定義づけられ，文脈からその意味が明白であるなら，biozoneを単にzoneとしてもよい．

化石名は国際動物命名規約と国際植物命名規約の規則にしたがう．すなわち，種名は斜体表記とし，属名の先頭文字は大文字，種小名は小文字とする．（例）*Equus albus* Assemblage Biozone（*Equus albus* 群集帯．ただし，生層序で使える化石の種類は種・属・科・目など，どの階層のタクソンでもよい．それらのうち，命名規約に従う必要があるのは科より下位の階層についてである）．

化石名は属名と種小名（および，必要なら亜種名）を連記する．種小名だけの使用は勧められないが，一度連記した後は，混乱の危険がなければ，属名は頭文字だけでよい．上記の例では，*E. albus* となる．属名の頭文字に"G"が多い浮遊性有孔虫では，*Grt. truncatulinoides* のように2文字または3文字にすることが多い．

バイオゾーンを設定する際には，その種類と単元の境界を定義づける生層準とを明示し，さらに，単元を特徴づけるタクソンの図と記載をつける必要がある．英語の場合，層序単元名の先頭文字は大文字で書く．また，先取権は尊重されるべきである．ただし，タクソン名が国際動物命名規約と国際植物命名規約に従って変更されるときには，生層序単元名もそれに準拠して変更する．

バイオゾーンは数字や文字記号でコード化して用いられることがある。たとえば、Blow (1969) は、浮遊性有孔虫の生層序単元として P.19 帯や N.10 帯（原文の標記はそれぞれ Zone P.19 と Zone N.10；"P." と "N." は新生代を二区分した Paleogene（古第三紀）と Neogene（新第三紀）の頭文字）のように記した。ただし、これらについても、後述するように公式名称が与えられている。このコード化は書くにも話すにも簡便で、異なる専門家間の意思疎通を容易にすることから有用性が高い。しかし、いったん出版されたあとは、新たな帯の挿入や統合・廃棄・改訂などが困難であり、類似の記号による混乱も起きかねない。そのため、このようなコード化は非公式の命名と考え、使用する各出版物の中で説明を加えるか、それが設定された文献を引用するべきであるとされている。

(2) バイオゾーンと生層準

従来のバイオゾーンは、いくつかの種の共存によって認定される群集帯が主であった。群集帯は複数種の共存により容易に確認することができるが、バイオゾーンの上限（または下限）として複数の特徴種が示す生層準のうちのいずれを用いるのかが不明確となり、境界が曖昧になりがちであった。そこで近年では、特定の1種の初産出または終産出層準を選定することが多い。その場合、バイオゾーンは間隔帯として定義づけられることになる。

底生有孔虫の層序（Matsunaga, 1963）で群集帯の例を示す。図 B-2-8 は、秋田から新潟に至る日本海沿岸油田地域における新第三紀の例である。区分されている5帯のうち、最下位の *Globorotalia* cf. *fohsi* 帯は浮遊性種 *G.* cf. *fohsi* のほか特徴的な底生種の産出によって認定される群集帯である。また、上位の2帯は名義種を含む特徴種の共存で定義づけられる群集帯である。

上記以外の2帯、*Spirosigmoilinella compressa* 帯と *Miliammina echigoensis* 帯は、3種の終産出層準（下位から、*G.* cf.

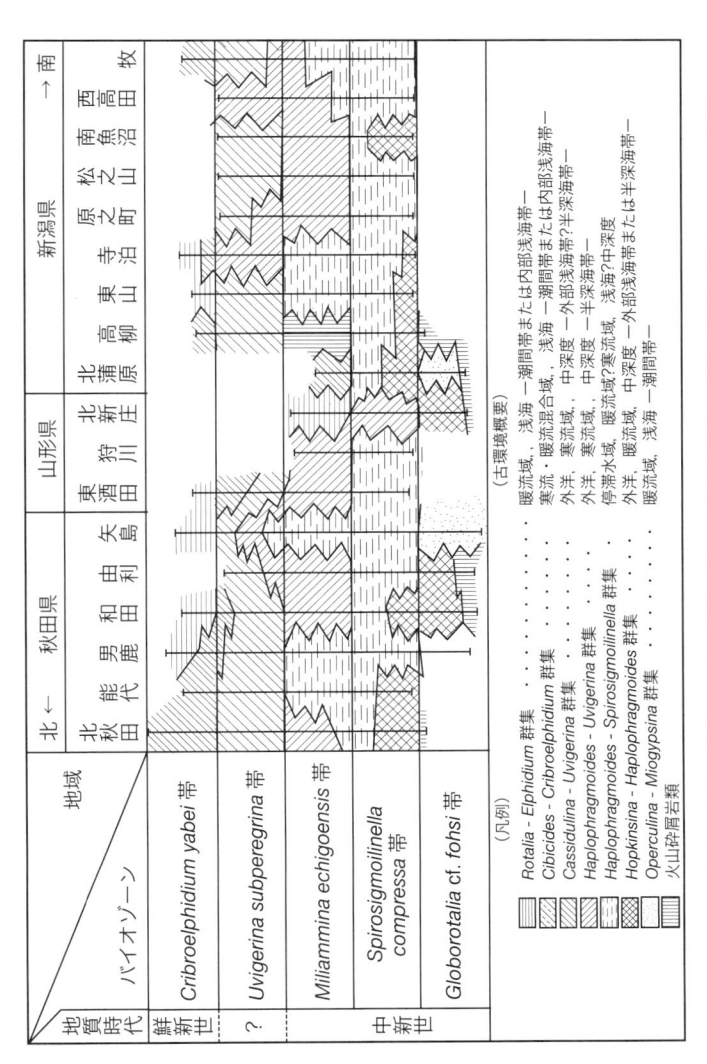

図 B-2-8　日本海沿岸油田地域における新第三紀有孔虫化石帯と古環境の解釈 (Matsunaga, 1963)

fohsi, *S. compressa*, および *M. echigoensis*) で定義づけられる間隔帯である．ただし，両帯における有孔虫化石群集は構成種数が少なく，優占する種も限られているので，バイオゾーンの名義種として単独の種が取り上げられていても本質的には群集帯に近い．

なお，底生有孔虫化石帯では，構成する化石群集が地域によって顕著な変異がある（図 B-2-8）．それは，おもに気候区の差異と地形や水深の違いにより，そこに生息する種群が異なるためである．この点を利用して，底生有孔虫化石については，古環境を示す化石として利用される．

いわゆる大型化石についても，近年設定された生層序区分単元の多くは間隔帯である．間隔帯はその上・下限を特定のタクサの初産出や終産出といった生層準で定義づけられる．しかし，バイオゾーンの内部についての規定はない．たとえば，北海道羽幌地域の上部白亜系イノセラムス化石層序（舟木・平野，2004）では，セノマニアン統〜コニアシアン統の間の 7 バイオゾーンのうち *Inoceramus hobestuensis-I. tesioensis* 共存区間帯を除く 6 バイオゾーンが間隔帯である（図 B-2-9）．その中で，とくに *Actinoceramus* sp. ex gr. *nipponicus* 帯や *Inoceramus hobestuensis* では名義種の産出がそのバイオゾーンの下部層準のみに限られる．

同様のことは秋吉台の中部石炭系のフズリナ化石層序でも認められる（たとえば，Ueno，1992）．いくつかのバイオゾーンでは，その下限はバイオゾーン名義種の初産出層準とされている．しかし，その名義種が実際に産出するのはバイオゾーン最下部，あるいは下半分のみということが多い．そのような場合，そのバイオゾーンの大部分あるいは上部の層準からは明確な示準種が産出しないこともありうる．

大型化石の場合，地層中での分布が偏在し，局所的には密集して産出する反面，その化石が含まれない区間も多い．そのような場合

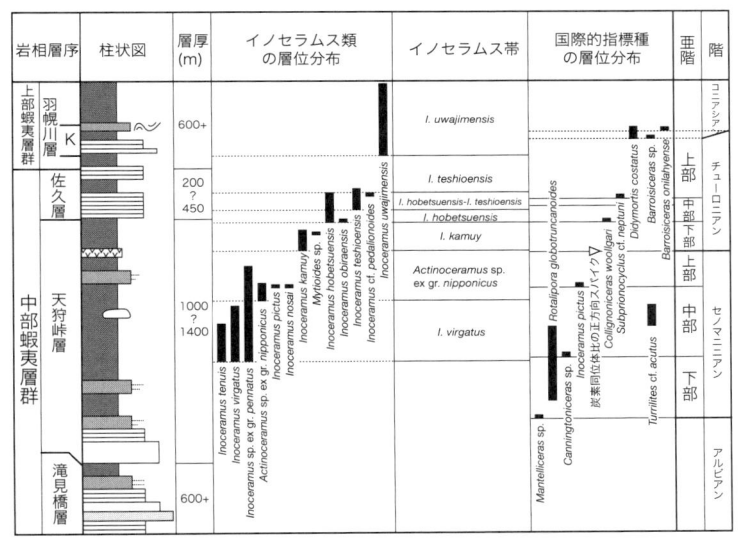

図 B-2-9 北海道羽幌地域の上部白亜系イノセラムス化石層序（舟木・平野，2004）

でも，下限と上限を2つの異なる生層準で定義づければ，間隔帯として設定できる．

なお，層序断面の中に層序区分対象の化石が産出しない区間，いわゆる**無産出区間**（barren interval）がある場合に用いられてきた「無産出帯」（バーレンゾーン）は非公式な用語であり，生層序区分の対象外である．

また，軟体動物化石の多くは，底生有孔虫の場合と同様で，気候・地形・水深など堆積環境によって生物相が水平的に変化しやすい．そのため，地域的に層位的分布を検討できても，生層準の同時性は期待できないことが多い．すなわち，一般には底生生物化石による時間的対比は困難である．しかし，例外的に底生有孔虫層序で

示した上記の *Spirosigmoilinella compressa* 帯と *Miliammina echigoensis* 帯に関しては，近年，両帯の境界が中新統一鮮新統境界に相当するとされ，日本海沿岸油田地域や日本海域の深海掘削地点との対比が実現している（花方ほか，2001）．

浮遊性微化石類は，多くが外洋性プランクトンの化石であることから，分布は少なくとも単一の海流系が及ぶ範囲に広がる．そのため，それらによる生層序区分もまた広域的に適用可能であり，国際対比の重要なツールとなっている．それらによる層序単元に関しても，多くは間隔帯である．たとえば，Okada and Bukry (1980) による低緯度域の新生代石灰質ナンノ化石層序では，全34バイオゾーンのすべてが間隔帯で構成される．また，Taketani (1982) による北海道上部白亜系の放散虫化石層序では，上部アルビアン統〜上部カンパニアン統の8バイオゾーン（2亜バイオゾーン）のうち，下限または上限が定義づけられていない最下位の *Holocryptocanium barbui-Thanarla conica* 帯と最上位の *Spongostaurus? hokkaidoensis* 帯を除く6バイオゾーン（2亜バイオゾーン）はいずれも間隔帯である．

日本付近で確立された後期新生代珪藻化石層序（Yanagisawa and Akiba, 1998；図B-2-10）でも，中新世から完新世までが20バイオゾーン（4亜バイオゾーン）の大部分は間隔帯である．例外は *Denticulopsis praedimorpha* 帯と *Denticulopsis dimorpha* 帯の2帯で，ともにタクソン区間帯である．

以上のような浮遊性微化石群に比べると，浮遊性有孔虫の生層序区分では多様なバイオゾーンが用いられている．国際的標準層序として広く用いられる Blow (1969) の生層序区分では，上部新生界が N.4 帯〜N.23 帯の 20 帯に区分されるが，いずれのバイオゾーンにも「化石名＋単元名」という正式名称が与えられ，なおかつ，その単元名として，各ゾーンの特徴を示す4種類の単元名が用いら

れた（図 A-3-5）．ただし，『層序ガイド』において，それまでのいくつかの単元名が整理・統合されたので，ここでは『層序ガイド』に準じた名称を用いる．

　間隔帯：*Globorotalia* (*Globorotalia*) *truncatulinoides truncatulinoides* Interval Zone［N.22 帯］など，以下のバイオゾーンを除く 11 帯．Blow（1969）では partial-range zone（部分共存帯）と呼ばれた．

　共存区間帯：*Globigerina nepenthes*/*Globorotalia* (*Turborotalia*) *siakensis* Concurrent-range Zone［N.14 帯］　ほかに，N.6 帯と N.4 帯．

　系列帯：*Globorotalia* (*Globorotalia*) *tosaensis tenuitheca* Lineage Zone［N.21 帯］　ほかに，N.17 帯，N.15 帯，N.11 帯，N.10 帯　→ Blow（1969）では consecutive-range zone（継続区間帯）と呼ばれた．

　群集帯：*Globigerina calida calida*/*Sphaeroidinella. dehiscens excavata* Assemblage Zone［N.23 帯］（最上位の 1 帯のみ）．

　また，房総半島で設定された Oda（1977）の新生代後期生層序区分（図 B-2-11）では，全 11 バイオゾーンのうち 7 バイオゾーンは間隔帯であるが，その他は，最下位の *Gds. sicanus*/*Gtl. Insueta* 帯が群集帯，*Gna. nepenthes*/*Grt. siakensis* 帯と *Pul. primalis*/*Gna. nepenthes* 帯が共存区間帯，そして最上位の *Grt. truncatulinoides* 帯はタクソン区間帯となっている．この生層序区分は，中緯度域に位置する日本周辺では，Blow（1969）のような低緯度域で設定された区分をそのまま適用することが困難であることを念頭において設定されたものである．実際，Oda（1977）の区分には Blow（1969）によるバイオゾーンのいくつかが含まれていない．しかしその一方で，設定されたバイオゾーンや生層準は Blow（1969）のそれらとの対応がよい．両者に共通して使われている生

100 B 実践編

地質年代			磁場極性	磁極期		珪藻化石帯	NPD	新第三紀北太平洋珪藻生層準 主要生層準	新第三紀北太平洋珪藻生層準 補助的生層準 (Ma)
更新世	中			Brun.	C1	Neodenticula seminae	12	D120 LO Proboscia curvirostris —(0.3)	
	前期			Matuyama		Proboscia curvirostris	11	D110 LO Actinocyclus oculatus —(1.0)	
	後期				C2	Actinocyclus oculatus	10	D100 LO Neodenticula koizumii —(2.0)	
鮮新世	前期			Gauss	C2A	Neodenticula koizumii	9	D90 LO Neodenticula kamtschatica —(2.6-2.7)	FO Neodenticula seminae (closed copula)
				Gilbert		Neodenticula koizumii - Neodenticula kamtschatica	8	D80 FO Neodenticula koizumii —(3.5-3.9)	FO Actinocyclus oculatus —(4.0)
					C3	Neodenticula kamtschatica	7Bb		LO Thalassiosira jacksonii (plicate) —(4.8) FO Thalassiosira jacksonii (plicate) —(5.2) LO Thalassiosira temperei —(5.4)
						Thalassiosira oestrupii		D77 FO Thalassiosira oestrupii s.l. —(5.5)	
	後期				C3A	N. kamtschatica - Nitz. rolandii	7Ba		FO Thalassiosira praeoestrupii —(6.1) FCO Neodenticula kamtschatica —(6.4)
					C3B	Rouxia californica	7A	D75 LCO Rouxia californica —(6.4)	D73 LO Nitzschia pliocena —(6.8?)
					C4	Thalassionema schraderi	6B	D70 LCO Thalassionema schraderi —(7.6)	D68 FO Nitzschia pliocena —(7.8-7.9)
					C4A	Denticulopsis katayamae	6A	D65 LO Denticulopsis katayamae —(8.5)	D66 FCO Thalassionema schraderi —(8.4)
						Denticulopsis dimorpha	5D	D60 LO Denticulopsis dimorpha —(9.2)	D59 FO Denticulopsis katayamae —(9.3) D58 FO D. dimorpha v. areolata —(9.4) D57 FO Denticulopsis praedimorpha —(9.5)
					C5	Thalassiosira yabei	5C	D56 FO D. dimorpha v. dimorpha —(10.0)	D55.8 AC-LCO Denticulopsis hustedtii —(10.1)
	中期								D55.5 AC2 Denticulopsis crassa —(10.7)
					C5A	Denticulopsis praedimorpha	5B	D55 LCO Denticulopsis praedimorpha —(11.5)	D55.2 FO Denticulopsis hustedtii —(11.1-11.4)
					C5AA C5AB	Crucidenticula nicobarica	5A 4Bb	D51 FO D. praedim. v. minor —(12.9) D50 FCO Denticulopsis simonsenii —(13.1) D50 LCO Denticulopsis hyalina	D54 FO D. praedim. v. robusta —(11.8-12.0) D53 FO D. praed. v. praedimorpha —(12.3-12.5) D52.5 AC1 Denticulopsis crassa —(12.6-12.8) D52 LO Crucidenticula nicobarica —(12.7-12.8)

B-2 生層序　101

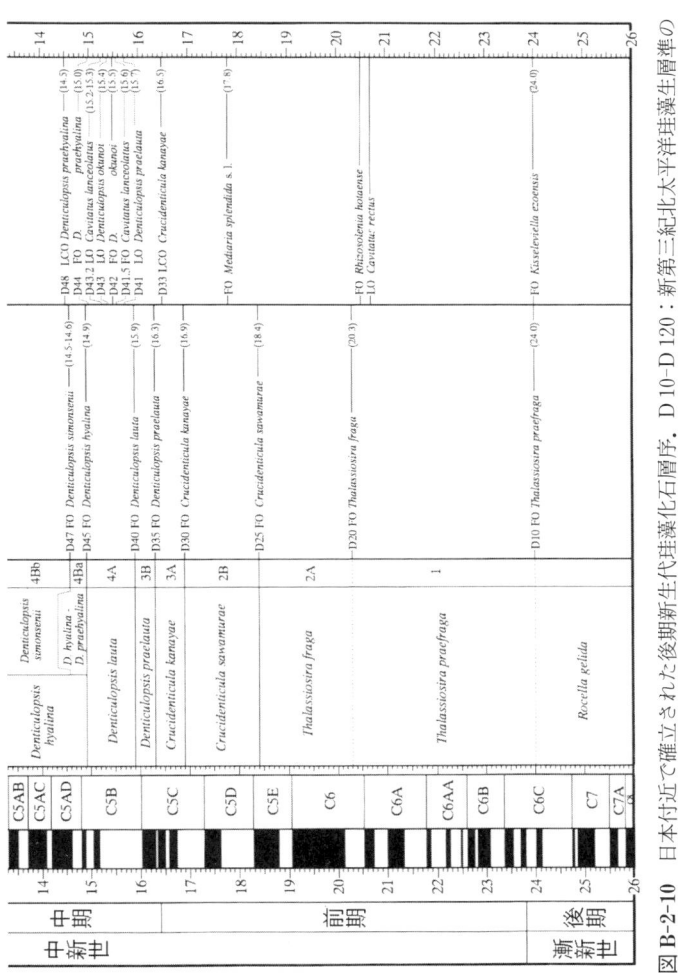

図 B-2-10　日本付近で確立された後期新生代珪藻化石層序．D 10–D 120：新第三紀北太平洋珪藻生層準のコード番号．FO：初産出；LO：終産出；FCO・LCO：定常的産出の開始と終末；AC：多産またはピーク (Yanagisawa and Akiba, 1998)

102　B　実践編

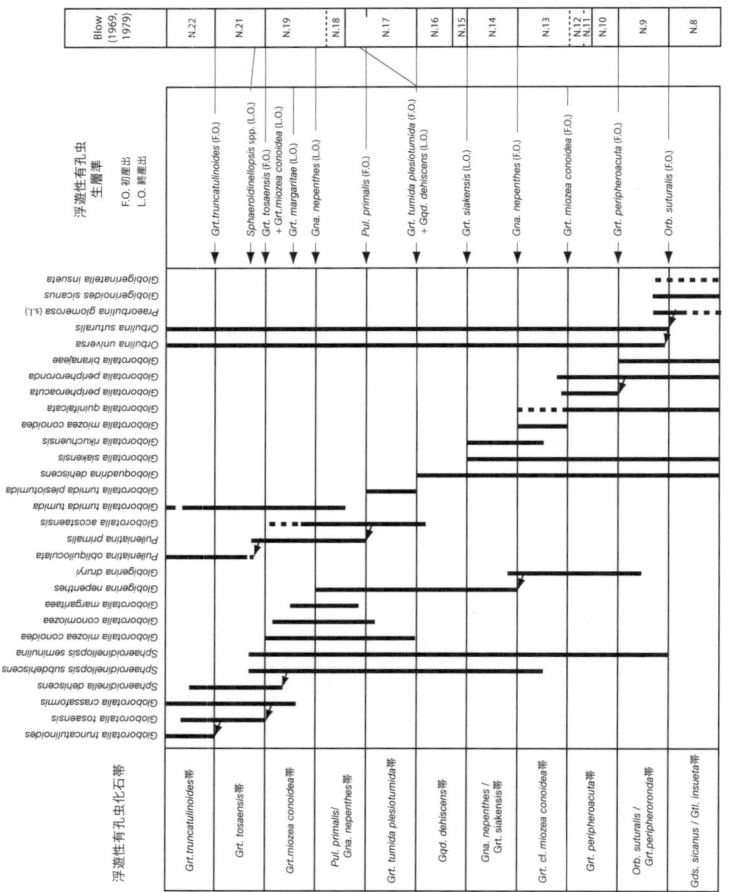

図 B-2-11　房総半島における新第三系浮遊性有孔虫生層序 (Oda, 1977 をもとに，その一部を簡略化．Kennett and Srinivasan, 1983 にもとづく進化系列および Blow, 1969；1979 の帯区分を加筆)

層準の多くは，進化系列内にある子孫種が直系の祖先種から枝分かれした出現層準である．

　浮遊性微化石の場合，新たに出現したタクサは海流に乗ることで急速に分布を拡げると考えられる．そのため，進化系列内にある新タクサの初出現は，層序学的に時間面とほぼ一致すると見なしうる．概説編（A-3-3 生層序）で示したように，5種類の生層序単元のなかで，境界面が安定的に時間面と一致するのは系列帯のみである．それは，バイオゾーンの上・下限が1つの進化系列内にタクサの生層準で定義されているからである．

　珪藻化石層序においても進化系列を考慮した初出現層準が帯区分に用いられているが，それらの中にはその生層準が示す年代が地域（緯度）によって異なる事実が報告されている（図 B-2-10 参照）．その原因は，地球環境変遷に伴う気候帯分布の変化に関係すると見なされる．すなわち，珪藻層序が設定されたのが北太平洋域であることから，そこで進化的に生じた新タクサは出現とほぼ同時に亜寒帯〜寒帯域に広がるのに対し，それより南方では，気候が寒冷化して亜寒帯域が南側に拡大した時に，はじめて堆積物に記録されると考えられる．

　このように時間面と一致しない生層準は，地域間対比の手段としての有用性が低いことを意味しているわけではない．その不一致は，それぞれの地域における生層準が時間軸と高い精度で対応づけられた結果として明らかになった時間的ずれを示している．したがって，時間的なずれが認識できること自体は，むしろ，対比の手段としての質の高さを示すことになる．

B-3 古地磁気層序

B-3-1 試料採取・整形法

　古地磁気学ではベクトルを議論するため，試料はすべて定方位で採取する必要があるが，試料のオリエンテーション（方向）の記載法は，ラボによって異なる場合がある．ここでは，最も一般的と思われる手法を解説する．また，古地磁気学では統計的にデータを扱う必要があるため，同一場所で複数の試料を採取することが多い．通常，各場所を"サイト；site"と，そこで採取された複数のコアやブロックを"試料；sample"と，また試料を測定用に整形したものを"試片；specimen"と呼ぶ．

（1）　携帯ドリルによるサンプリング

　通常，内径1インチ（25 mm弱）のドリルビットを用いて露頭を掘削し，長さ15〜20 cm程度のコアを採取する．試料のオリエンテーションは，オリエンテーターと呼ばれる装置を掘削孔に差し込んで，くり抜かれたコアの側面に筋をつけ記載する．市販の装置では，コアの上面をコアの傾斜方向を向いて上から見たとき，時計の12時の位置に筋をつける場合が多いが，著者のラボでは，3時の位置につけている（図B-3-1）．こうすることで，キューブ試料や次に述べるブロックサンプルの場合と同等のオリエンテーション記載法となる．

　試料の整形は，採取したコアを長さ20 mm程度に切りそろえることで行う．この際，オリエンテーションの筋が消えないように細心の注意を払う．

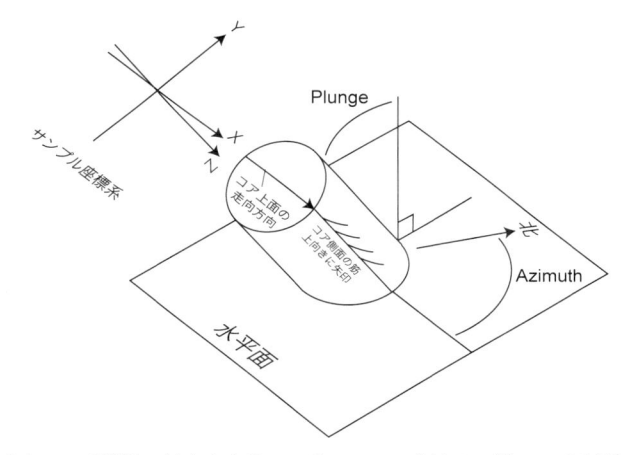

図 B-3-1 コア試料に対するオリエンテーション方法の一例．コア上面の走向方向の北からの角度を Azimuth，コアの鉛直方向からの角度を Plunge とし，これらを測定する．コア側面に筋は，コア上面の走向方向（面の傾斜を右に見たときの方向）を示す位置につけ，上下の区別を矢印で記載する．コア上面の走向方向を X，その面上で X と直交する方向を Y，X‐Y 平面と直交するコア掘削方向を Z としたときの，X，Y，Z の 3 軸からなる座標系をサンプル座標系として古地磁気測定を行なう．

（2） ブロックサンプリング

ハンマー等を用い定方位試料を採取する手法である．他の調査のついでに一人で採取できることが利点だが，ドリル法と比べオリエンテーションの精度がやや落ち，試料が重くなるという欠点がある．

クリノメーターを用い，露頭上で試料採取する場所の面の走向・傾斜を測定し，走向方向に平行線を引き，傾斜方向に印をつける．この面はなるべく平らであることが望ましい．半固結岩の場合は，つるはし等で面を整形することができる（第 1 巻，p.101 参照）．

3点支持式のクリノメーターを用いると，面がどのようになっていても比較的正確にオリエンテーションを記載することができる．この後，オリエンテーション面を破壊しないように岩石ブロックを採取する．

試料の整形は，まずオリエンテーション面が水平になるように固定することから始める．試料がすっぽり入るタッパーを用意し，粘土を用いてオリエンテーション面が水平（水準器で確認）になるように固定する．次に，タッパーの中に石膏を流し込み，試料を完全に固定する．この状態で垂直にコアピッカーを用いて，コアをくり抜く．くり抜かれたコアは，ドリルによって採取されたコアと同様に，長さ20 mm程度に切りそろえる．

（3）キューブサンプリング

未固結試料の場合は，試料単体では採取後に変形したり崩れたりするため，プラスチック製のキューブ等を差し込んで採取する．試料のオリエンテーション（方向）は，差し込む面の走向・傾斜方向を測定し，傾斜方向を右に見たときの走向方向を，キューブ上面に矢印で記載する．

B-3-2 採取試料の数

古地磁気用測定に必要な試料の数は目的によって異なるが，ここでは最もオーソドックスな方法について述べる．通常，1サイトにつき，互いにオリエンテーションの独立した試料を最低3つ以上採取する．これはオリエンテーション誤差を平均化するためである．この場合，各サイト内の試料は，なるべく同一層準になるように採取すると，1つのサイトがごく短い時間を代表するため，堆積速度の速い堆積層においては，地磁気の経年変化まで求めることが可能になる．また，古地磁気極性のみを求める場合や，テクトニクス復元を目的にする場合は，地軸双極子による古地磁気方位を求める必

要がある．つまりなるべく長期間（数千年間）にわたる磁場方位を平均することが求められる．このためには，1つのサイトにおいて，数千年間の時間を代表する地層の範囲をカバーするよう試料を採取すればよい．後に述べる平均磁化方位の信頼円を十分に小さくするためには，1つの古地磁気極を求めるために少なくとも10層準程度が必要になる．

B-3-3 古地磁気測定法

試料測定法は，使用する機器によって異なるため，ここでは一般的な話にとどめる．現在，古地磁気で使用される測定機器には，大きく分けて，**超伝導磁力計**（superconducting rock magnetometer）と**スピナー磁力計**（spinner magnetometer）の2種類があり，それぞれ長所短所がある．一般的に堆積岩の測定には感度の高い超伝導磁力計を用い，火山岩の測定にはスピナー磁力計を用いることが多い．比較的磁化強度の強い堆積岩の場合は，スピナー磁力計でも十分測定できる．最近の超伝導磁力計はコア測定用に開発された横置きタイプが主流で，試料設置トレイをコンピュータ制御にしているため，一度に10個程度の試料の段階消磁や着磁実験等の測定を全自動で行うことができる．

B-3-4 磁化の種類や性質

古地磁気測定は，残留磁化の測定と消磁，消磁後の磁化測定という作業の繰り返しからなっている．このことの意味を理解するためには，磁化の種類やその性質について知ることが必要である．岩石が形成時に獲得した磁化はすべて**自然残留磁化**（NRM：natural remanent magnetization）と呼ばれるが，磁化の獲得機構の違いによって，以下のような種類に分けることができる．

（1） 熱残留磁化（TRM：thermal remanent magnetization）

磁化を保持する磁性鉱物粒子が，マグマ中から晶出した後，その磁性鉱物の温度が下降する最中に獲得した磁化である．温度が十分に高い状態では，磁性粒子中の電子スピンの方向が自由に動くため，スピンは外部磁場の方向を中心としたみそすり運動をしている．このとき，外部磁場の強度が強いほど，みそすり運動の直径が小さくなり，平均的なスピンの磁場方向ベクトルがより大きくなる．これがある温度を境に，電子スピンの方向が固定され磁化が獲得される．獲得された磁化の強度はそのときの外部磁場の強度に比例する．この温度をブロッキング温度と呼び，磁化が消失する温度であるキュリー温度に等しい．この温度は磁性鉱物の種類によって異なる．最も多く存在する磁性鉱物である磁鉄鉱（magnetite；Fe_3O_4）のキュリー温度は約 580°Cである．

（2） 堆積残留磁化（DRM：detrital remanent magnetization）

堆積物に含まれる磁性鉱物粒子が，自由に動ける状態で外部磁場方向に配列し，その後，圧密等によって磁性粒子の向きが物理的に固定されることで獲得される磁化である．通常の海底および湖底堆積物では，圧密作用は堆積後徐々に進み，また堆積物表層付近で起こる生物擾乱の影響により，実際の磁化は堆積した後に獲得される．このような堆積後に獲得される堆積残留磁化を，後堆積残留磁化（pDRM：post-DRM）と区別して呼ぶ場合がある．

（3） 化学残留磁化（CRM：chemical remanent magnetization）

岩石に含まれる磁性粒子が，風化や続成作用を受け化学変化を起こし，別の磁性鉱物へと変わったときに獲得される磁化である．この磁化は二次磁化であることが多いが，CRM を獲得した磁性粒子が再堆積すると一次的な堆積残留磁化を担う．代表例として水酸化鉄のゲータイト（goethite；$FeO(OH)$）や硫化鉄のグレイガイト（greigite；Fe_3S_4）があり，両者ともかなり安定な磁化を保持す

る．ゲータイトは 100〜200°C程度で脱水分解し，酸化環境下でグレイガイトは 300〜400°Cで酸化分解するため，熱消磁が有効である．

このほか，落雷による**等温残留磁化**（IRM：isothermal remanent magenetization）や，NRM 獲得後，長期間地磁気中に置かれたときに獲得される**粘性残留磁化**（VRM：viscous remanent magnetization）があるが，いずれも二次的な磁化である．

B-3-5　消磁

古地磁気測定のほとんどは，二次磁化成分を消去し，岩石が形成時に獲得した初生磁化を求めるために行なう消磁作業からなるが，これには**交流消磁**（alternating field demagnetization）と**熱消磁**（thermal demagnetization）という 2 つの手法がある．いずれの手法でも消磁レベルを段階的に上げていって，各レベルにおける消磁後の残留磁化ベクトルを測定する**段階消磁**（stepwise or progressive demagnetization）を行なう．

交流消磁は，無磁場中で試料に対し，振幅が減衰する交流磁場を与え，その最大振幅磁場より高い保磁力をもつ，より安定な磁化成分を取り出す方法である．このとき，交流磁場の振動方向の磁化が最も効率よく消磁されるため，試料を消磁コイル内で全方位に回転させるタンブラー式消磁装置を用いると，最大振幅磁場強度以下の磁化成分を完全に消去することができる．しかし，互いに直交する 3 軸に対してのみ消磁を行なう定置法の場合，消磁効率が若干低下するため，両者の方法を混在して使用することはできない．また，他者のデータと比較を行なう上で混乱を招かないよう，どちらの方法で消磁を行なったかを示す必要がある．

段階交流消磁では通常，最小消磁レベルを 5 mT（ミリテスラ：地表付近の地磁気強度は，およそ 0.01〜0.1 mT）程度に設定し，

5 mT 程度のステップで，最大 60〜100 mT までの消磁を行なう．

熱消磁は，無磁場中で試料を加熱し，一定時間保持したあと室温まで冷却することで，最大温度以上のブロッキング温度をもつ磁化成分を取り出す方法である．段階熱消磁では通常，最低消磁温度を100°C程度に設定し，50°C程度のステップで最高 600〜700°Cまでの消磁を行なう．

B-3-6　データ処理
（1）　座標系の変換

古地磁気測定結果の生データは，測定器固有の座標系（サンプル座標系：図 B-3-1 参照）における磁化ベクトルである．このベクトルをまず試料採取時の方位をもとに，現場（*in-situ*）座標系に座標変換し，必要に応じてさらに地層の傾きを戻す**傾動補正**（tilt correction）を行なう．この辺りの作業は通常，測定プログラムに組み込まれていることが多い．

（2）　特性磁化ベクトルの算出と最適消磁方法の決定

段階消磁の結果を 3 次元直交座標上（図 B-3-2）で見た場合，磁化ベクトルの端点が消磁に伴い直線的に進むとき，この直線成分の方向を，その試料がもつ**特性磁化ベクトル**（ChRM：characteristic remanent magnetization）と呼ぶ．ChRM の中でも最終的に原点に向かって消磁される成分は，試料のもつ最も古い磁化の記憶であるため初生磁化の可能性が高い．

ChRM は，原点に向かって消磁されているベクトル端点を少なくとも 5 点以上用いて主成分分析を行なうことで算出する（Kirschvink，1980）．

（3）　サイト平均磁化方位の算出

サイトごとに得られた複数の磁化方位データのデータ処理は，まず磁化方位の算術平均を求め，次にその信頼区間およびばらつきを

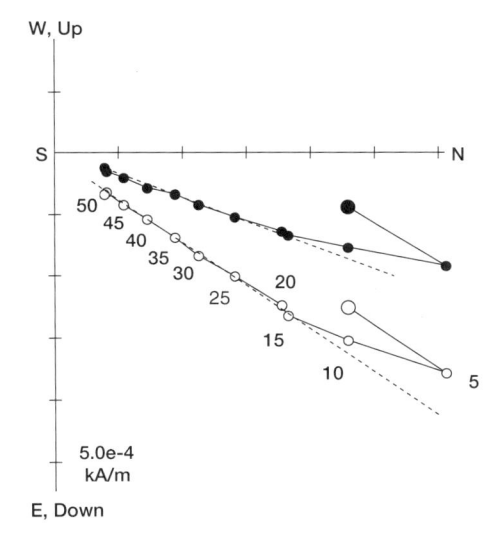

図 B-3-2 直交座標プロットの一例．黒丸（白丸）はベクトル端点の鉛直面（水平面）投影を示す．端点脇の数字は交流消磁の消磁レベル（mT）を，また点線は直線状に消磁されている成分端点（15〜50 mT の 8 点）を用いて求めた主成分を示す

求める．これらの統計値は，データ点が球面上にフィッシャー分布（球面上の正規分布）していると仮定して求める．

N 個の磁化方位データがあるとする．これらの方位を互いに直交する 3 成分（Xi, Yi, Zi）でそれぞれ示し，それらの総計を（X, Y, Z）とする．（X, Y, Z）からなるベクトルの大きさを R とすると，

$$R = \sqrt{(X^2 + Y^2 + Z^2)} \tag{B3・1}$$

また，N と R を用いて次のように集中度パラメータ k を次のように定義する．

$$k = (N-1)/(N-R) \tag{B3・2}$$

データの平均値の信頼度は，次のように信頼限界円錐（cone of confidence）の半頂角で表わすことができる．データの平均方向から見て，母集団の平均方向（真の平均磁化方位）が，ある確率 $P=(1-p)\times 100\%$ で存在する範囲を，データの平均方向からの角度 α_p（ラジアン）で表わすと，

$$\alpha_p = \cos^{-1}\left[1 - \frac{N-R}{R}\left(\left(\frac{1}{p}\right)^{\frac{1}{N-1}}-1\right)\right] \tag{B3・3}$$

となる．ここで $p=0.05$ のとき，$P=95\%$ となり，信頼限界円錐の半頂角は α_{95} と表わされる．これは，データの平均方向から見て，α_{95} で表わされる角度の範囲内に，真の平均磁化方位が 95 % の確率で存在するという意味である．

また，データのばらつき度合いは，データから推定される母集団の**角度標準偏差**（ASD：angular standard deviation）で表わすことができ，

$$\theta_{63} = 81/\text{k}$$

で近似される．これは母集団の平均方向から，角度にして $\theta_{63}°$ の範囲に母集団の 63 % が分布するという意味である．

両者の式から明らかなように，サンプル数を増やすことで α_{95} をより小さくする（すなわち真の平均磁化方位をより精密に決定する）ことができるが，ASD はサンプル数とは関係なくデータのばらつき度合いを示す．

（4） VGP（Virtual Geomagnetic Pole）の算出

VGP とは，ある場所で観測された地磁気方位から，その地磁気が双極子のみから構成されると仮定したときの，地磁気極の位置である．サイト平均磁化方位の偏角・伏角および，サイトの緯度・経度の情報から，球面三角を用いて求める．通常の地磁気変動を記録した場合，VGP は地軸から約 20° 程度の範囲にばらつくことが多

く，それが北極点に近ければ正磁極，逆に南極点に近ければ逆磁極であることを示す．

B-3-7 フィールドテスト（野外テスト）

個々の試料から得られた特性磁化ベクトルが初生磁化であるかを確認する方法が野外テストであり，主に褶曲テストと逆転テストの2種類がある．いずれも地層が傾動等の構造運動を受けている場合用いることができる．

（1） 褶曲テスト

傾動補正前と後のサイト平均磁化方位のばらつき度合いを比較し，傾動補正後のばらつきが有意に小さくなっていることが示されれば，褶曲テストをパスしたことになり，これらの磁化が少なくとも地層傾動前に獲得されたことを意味する．正・逆両方の磁化方位が混在する場合は，逆帯磁している磁化方位を180°反転させ表示する．

（2） 逆転テスト

採取した試料の古地磁気極性が正・逆両方あるとき，正磁極方向を示す磁化方位の分布と，逆磁極方向を示す磁化方位の分布を比較する．それらが対称的になっていることが確認されれば，逆転テストをパスしたことになり，褶曲テスト同様，地層傾動の前に獲得された磁化であることを示す．

B-3-8 堆積層の古地磁気学的研究の実際例

ここでは，房総半島三浦層群の累層（天津層，清澄層）を対象に著者が行った研究を例に取り上げる．それらの累層の堆積年代は，天津層が約12〜5 Maに，清澄層が約5〜4 Ma（三田・高橋，1997；亀尾ほか，2002；関根ほか，2004）に対応することがわかっている．また天津層は北方へ傾斜する単斜構造であるが，上位の清

澄層では東西方向に軸をもつ褶曲構造が発達している．

この例では，天津層から 20 サイト，清澄層から 10 サイト，1 サイトにつき 5〜10 本のコアを携帯用ドリルで採取した．まず消磁方

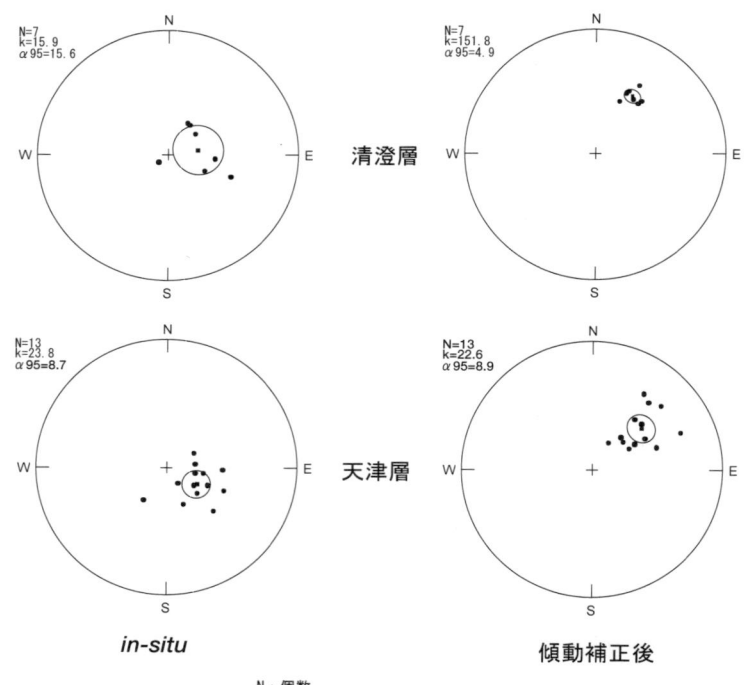

清澄層

N=7
k=15.9
α95=15.6

N=7
k=151.8
α95=4.9

天津層

N=13
k=23.8
α95=8.7

N=13
k=22.6
α95=8.9

in-situ 　　　　　　　　　傾動補正後

N：個数
k：集中度パラメータ
α95：95%の信頼円の半頂角

図 B-3-3 褶曲テストの一例．上段に清澄層，下段に天津層の磁化方位をステレオネット（等積図法）にプロットしたものである．それぞれ左側が *in-situ*（傾動補正前），右側が傾動補正後の磁化方位分布を示す．逆帯磁を示す磁化方位はあらかじめ 180°反転させて使用した．黒丸がサイトの平均磁化方位，黒四角が地層全体の平均磁化方位，楕円が α95 の信頼円を示す

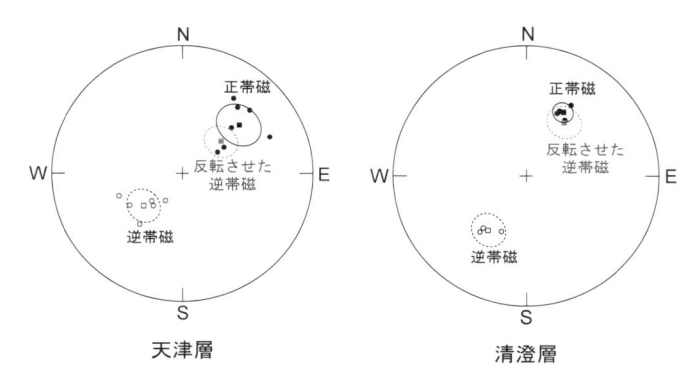

図 B-3-4 逆転テストの一例．左に天津層，右に清澄層の磁化方位をステレオネット（等積図法）にプロットしたものである．黒（白）丸がサイトの平均磁化方位を下（上）半球投影したもの，黒（白）四角が地層全体の平均磁化方位を下（上）半球投影したものを示す．$\alpha 95$ の信頼円のうち，下（上）半球投影したものは，楕円（点線楕円）で示す

法を決定するために，サイトごとに 2 つずつパイロット試片を選び，1 つに段階交流消磁，もう 1 つに段階熱消磁を施した．それらの消磁経路と，岩石磁気学的実験から，各サイトの残りの試片すべてに対して段階熱消磁を行なうこととした．この結果得られた ChRM を用いて，サイトごとの平均磁化方位と 95％ の信頼円を算出し，信頼円が大きすぎるもの（±30°以上）を省いた．

こうして得られたサイトごとの平均磁化方位に対して，地層ごとにフィールドテストを行なった（褶曲テスト；図 B-3-3，逆転テスト；図 B-3-4）．

褶曲テスト：清澄層では，傾動補正後における磁化方位の分布が *in-situ* と比べまとまっている．傾動補正後では，明らかに集中度パラメータ k の値は大きく，$\alpha 95$ は小さくなっていることから，清澄層の褶曲テストは合格である．しかし天津層は単斜構造のため

褶曲テストは有効ではない．実際，信頼円の大きさはほとんど変わっていないことがわかる．

逆転テスト：清澄層では，正・逆両極性ごとの信頼円がよく重なっている．互いの信頼円が相手の平均磁化方位を含んでいることから，清澄層の逆転テストは合格である．しかし天津層では，互いの信頼円は部分的に重なっているが，相手の平均磁化方位を含んでいない．これは，95％の確率で互いの母集団が異なることを示す．つまり，天津層の試片には段階熱消磁を施した後でも地層傾動後に獲得した二次磁化が残っていて，正・逆両極性の磁化方位の分布の対称性を崩している．したがって天津層の磁化方位は，このままではテクトニクス復元のように磁化方位の違いを議論するような研究には使用できない．しかし，古地磁気層序のように極性のみわかればよい場合は，フィールドテストに不合格であることを明記した上で用いる場合もある．

B-4 地質年代学

B-4-1 各種放射年代
(1) カリウム-アルゴン年代 (K-Ar age)

^{40}K は，電子捕獲により ^{40}Ar に放射壊変すると同時に β 壊変により ^{40}Ca に壊変する．K-Ar 年代はこのうち ^{40}K → ^{40}Ar の壊変を利用するもので，アルゴンの同位体比 ^{40}Ar/^{36}Ar とアルゴンおよびカリウムの含有量を測定して年代を得る．測定には，アルゴンの定量は同位体比の測定とともに質量分析計を用いて同位体希釈法または強度法で行ない，カリウムの定量はそれとは別に炎光分析などによって行なう．地質学の世界ではこれまで最も多く用いられてきた方法である．

式 (A 4・2) を ^{40}K → ^{40}Ar の壊変について書くと，式 (B 4・1) のようになる．

$$^{40}Ar/^{36}Ar = (\lambda_\varepsilon/\lambda)(^{40}K/^{36}Ar)(\exp(\lambda t)-1) + (^{40}Ar/^{36}Ar)_0 \tag{B 4・1}$$

ただし電子捕獲による壊変の壊変定数が λ_ε，β 壊変の壊変定数が λ_β で，全体の壊変定数はその和になる (B 4・2)．

$$\lambda_\varepsilon + \lambda_\beta = \lambda \tag{B 4・2}$$

式 (B 4・1) において，壊変が始まったときにすでに試料に含まれていたアルゴン ^{40}Ar は，$(^{40}Ar/^{36}Ar)_0$ で表示されている．このアルゴンは，そのときの大気中のアルゴンを取り込んだものと考えられるが，通常，その同位体比は現在の大気の $^{40}Ar/^{36}Ar$ である 295.5 を使っている．ある程度古い年代の試料を扱う場合はそれでだいたい問題ないが，第四紀の火山など若い物質の K-Ar 年代を

測定する場合は，放射性アルゴンの量が少ないために $(^{40}\mathrm{Ar}/^{36}\mathrm{Ar})_0$ の影響が大きくなるので，質量分別補正法（松本ほか，1989）などにより試料ごとに $(^{40}\mathrm{Ar}/^{36}\mathrm{Ar})_0$ を正確に求める必要がある．

K-Ar 年代は1つの試料測定から1つの年代値が得られる簡便さから，これまで広く実用的に使われてきた．しかしそれは同時に，娘元素の二次的な逸散が起こっていない，とか壊変開始時のアルゴン同位体比初生値を変動させるような**過剰アルゴン**（excess argon）がない，といった年代測定の前提条件が成立していたかどうかの自己検証機能がないという弱点と表裏一体になっており，K-Ar 年代値を地質の議論に使う際には十分な吟味と検討が必要である．

K-Ar 年代が広く用いられてきたもう1つの要因は，この壊変系の半減期が12.5億年と，地質試料のさまざまな年代を測定するのに好適な範囲だからであり，一般に数十万年から数十億年までの年代が測定されている．特に若い年代については最近技術開発が進み，現在は試料に恵まれれば数万年，場合によっては1〜2万年まで測定可能である．

K-Ar 年代は，当然カリウムに富む試料に適しており，これまで黒雲母，白雲母といった雲母類が多く用いられてきた．次に多く用いられているのは角閃石であるが，深成岩や変成岩のホルンブレンドはしばしば過剰アルゴンを含んでおり，それによって乱された年代値を与える場合がしばしばあるので，よほど注意が必要である．カリ長石はカリウムの含有量は高いが，火山岩のサニディンなど一部を除いては雲母類に比べて値が安定しないことが経験的に知られており，あまり年代測定に用いられていない．無斑晶の火山岩では全岩試料が使われることもある．

K-Ar 年代の原理については長尾・板谷（1988）の詳しい解説があるので参照されたい．

（2） アルゴン-アルゴン年代 (^{40}Ar–^{39}Ar age)

^{40}Ar–^{39}Ar 年代は，K-Ar 年代同様 ^{40}K → ^{40}Ar の壊変を利用するが，カリウムの定量をするかわりに，試料に中性子を照射して ^{39}K → ^{39}Ar と変化した ^{39}Ar を測定することで年代を得る．すなわち，同一の測定試料から必要な測定データをすべて得ることができるので，K-Ar 年代のときのようにカリウムの定量に使った試料とアルゴンの同位体測定に使った試料の間の均質性といった問題は考える必要がない．

この手法のもう1つの大きな利点は，試料を**段階加熱**（step heating）してそれぞれの温度で放出されるアルゴンの量と同位体比を測定することにより，K-Ar 年代ではできなかった過剰アルゴンの存在や変質による放射起源アルゴンの二次的逸散などが検出できることである．過剰アルゴンや変質によってアルゴンが逸散した部分は，そうでないフレッシュな部分とアルゴンの放出温度が異なるので，アルゴンの放出率と段階年代を両軸にとった図で，それらは明瞭に区別される（図 B-4-1(a)）．これらの阻害要因がない場合は，各加熱段階での同位体比すなわち各段階で与える年代は一定になる．これらが多少ある場合でも，それによって擾乱を受けた部分以外では一定になる場合がある．これを**プラトー年代**（plateau age）という（図 B-4-1(b)）．プラトーの存在は，^{39}Ar/^{36}Ar–^{40}Ar/^{36}Ar 図（^{40}Ar–^{39}Ar 法におけるアイソクロン図）において各加熱段階の値が一直線上にならぶことでも支持される．もし一段階だけが直線からはずれる場合は，その段階以外がプラトー年代を与えることになる．試料を全溶融したときの年代すなわち**全溶融年代**（total fusion age）は，理論的に K-Ar 年代と同じになるが，プラトー年代は全溶融年代と異なる．その場合，放射年代として意味をもつのは当然プラトー年代である．

^{40}Ar–^{39}Ar 年代を求めるためには，測定する試料をあらかじめ原

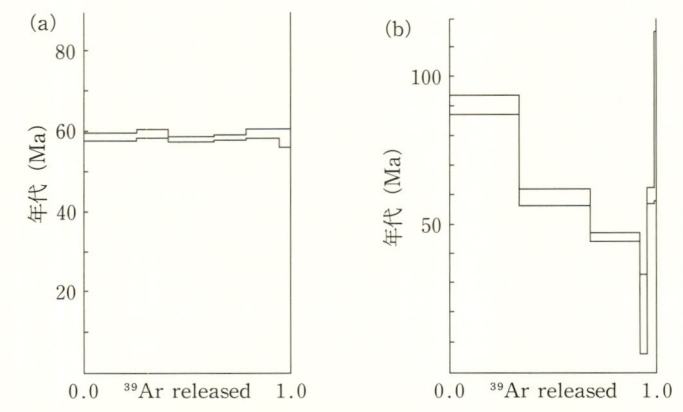

図 B-4-1 （a）段階加熱による ^{40}Ar-^{39}Ar 年代測定によってプラトー年代が得られた例．天皇海山列の推古海山からドレッジされた岩石の年代パターンとアイソクロン図．（b）擾乱された年代パターンを示し，年代が得られない例．中部太平洋，ライン海山列からの岩石の年代パターンとアイソクロン図．年代の数字の単位は Ma（百万年）＊（いずれも Saito and Ozima, 1977 による）

子炉内で中性子照射して放射化しなければならない．放射化した試料は日本の法律では放射性物質になるので，それを取り扱うためには法律で定められた施設と国家試験に合格して資格をもった職員の存在が条件になる．施設の建設と維持には多額の費用がかかるため，国内でこの ^{40}Ar-^{39}Ar 年代測定ができる研究機関は非常に限られている．

^{40}Ar-^{39}Ar 年代の基準値は K-Ar 年代が求められている標準物質の測定値で与えられるので，測定誤差は機械の精度等で小さくできるが，根本的な年代の確度は原理的に K-Ar 年代以上にはなり得

＊地質年代の数字は，通常，Ma（百万年；Mega annum），Ga（十億年；Giga annum），ka（千年；kilo annum）などを単位として表示する．これらは多くの場合「…年前」という意味で使われ，期間を表わすのには通常使われない．

ないことを知っておく必要がある．

・レーザー照射型 ^{40}Ar–^{39}Ar 年代測定装置

通常の K-Ar 年代や ^{40}Ar–^{39}Ar 年代測定では，高周波加熱炉または抵抗加熱炉を用いて試料を溶融脱ガスし，その中からアルゴンを抽出して質量分析するが，そのかわりにレーザー光を試料に照射して局部的に脱ガスさせ，そのアルゴンを質量分析計に導入して同位体比を測定する方法が 1970 年代から開発された．この手法の確立により，微小領域の ^{40}Ar–^{39}Ar 年代が測定できるようになり，鉱物一粒，さらにはその内部の特定の部分の年代や鉱物内の年代分布が求められるようになった（DeJong, 1992）．

一方，レーザー光の強さを調節することによって段階加熱と同様の ^{40}Ar–^{39}Ar 年代スペクトラムを得る技術も開発され，プラトー年代が得られるようになって，レーザー照射型 ^{40}Ar–^{39}Ar 法の有効性はさらに高まった．現在では，世界の ^{40}Ar–^{39}Ar 年代ラボの大半がレーザー照射装置を備えている．

（3） ルビジウム-ストロンチウム年代（Rb-Sr age）

Rb-Sr 年代は，^{87}Rb → ^{87}Sr の壊変を利用する方法で，地質試料の年代測定には K-Ar 年代とならんで広く用いられてきた．この壊変を式（A 4・2）にあてはめると，$D=^{87}$Sr，$P=^{87}$Rb となり，安定同位体 $D_0=^{86}$Sr とすると，式（B 4・3）が得られる．

$$^{87}\text{Sr}/^{86}\text{Sr} = (^{87}\text{Rb}/^{86}\text{Sr})(\exp(\lambda_{\text{Rb}}t)-1) + (^{87}\text{Sr}/^{86}\text{Sr})_0$$

(B 4・3)

λ_{Rb} は ^{87}Rb → ^{87}Sr の壊変定数である．

ストロンチウムの同位体比 ^{87}Sr/^{86}Sr と，ストロンチウム，ルビジウムの含有量がわかれば年代が計算できる．含有量の測定は，鉱物試料の場合は同位体希釈法で行うが，全岩試料の場合は蛍光 X 線分析を用いることが多い．

Rb-Sr 年代が使われるようになった最初の頃は，K-Ar 年代のよ

うに壊変が始まる時の同位体比として適当な仮定値を用いる，いわゆる**モデル年代**（model age）が用いられることもあったが，この系の同位体比 ^{87}Sr/^{86}Sr の初生値が試料によってまちまちであることが明らかになったため，今はほとんど用いられない．ただし，黒雲母のように Rb/Sr 比が非常に大きい試料では，モデル年代が初生値に敏感でなくなる．そういう場合は，常識的な範囲の初生値を仮定して計算したモデル年代を，大まかな推定値として使うこともできる．

^{87}Sr/^{86}Sr の初生値を仮定しないで年代を求める方法として，**アイソクロン**（isochron）**法**が用いられる．これは，同時に放射壊変が始まったと思われる複数の試料の間で Rb/Sr 比が異なることを利用して，年代と ^{87}Sr/^{86}Sr 初生値を同時に求める方法である（図 B-4-2）．

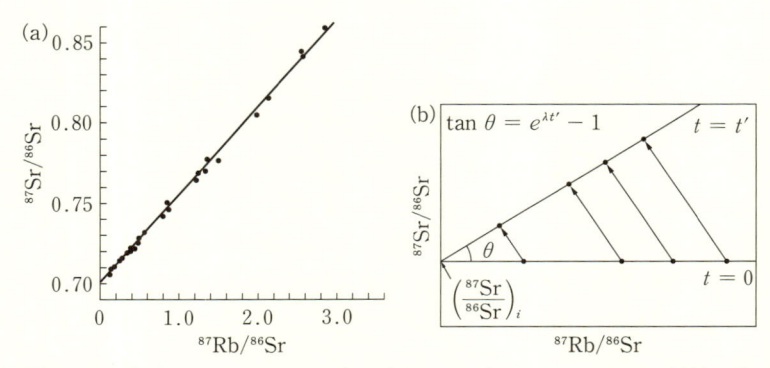

図 B-4-2 （a）Moorbath *et al*.（1972）によるグリーンランド Isua 地域の始生代岩石類の Rb-Sr アイソクロン．（b）Rb-Sr アイソクロン年代の原理．$t=0$ の時，同位体平衡に達したマグマや岩石中では，異なった Rb/Sr 比をもつ鉱物でも ^{87}Sr/^{86}Sr 比は一定である．t' 年後にはそれぞれの ^{87}Rb/^{86}Sr に応じて異なる ^{87}Sr/^{86}Sr をもつようになるが，それらはこの同位体比の初生値（^{87}Sr/^{86}Sr）$_i$ を y 切片とする一直線上にならぶ．傾きが急なほど古い年代を示す

^{87}Rb/^{86}Sr–^{87}Sr/^{86}Sr 平面上で測定データが一直線上にならぶ場合は，その直線の傾きが年代を表わす．その直線が ^{87}Rb/^{86}Sr＝0 のときに与える ^{87}Sr/^{86}Sr の値（すなわち図 B-4-2 の y 切片）が初生値を表わす．この方法の大きな利点は，データが一直線上にのらない場合は年代が得られないことである．すなわち，扱った試料群が年代を求めるための前提条件を満たしていなかった場合は，意味のない年代値を与えてしまうのではなく，年代を求められないことが示される．アイソクロン法は，Rb-Sr 年代だけでなく他の壊変系を利用した多くの年代測定法で用いられる．

同一岩石から構成鉱物を分離抽出し，鉱物ごとに同位体比と元素濃度を測定して得られるアイソクロンを**鉱物アイソクロン**（mineral isochron），または内部アイソクロン（internal isochron）という．一方，同一岩体中の複数の岩石について同位体比と元素濃度を測定して得られるアイソクロンを**全岩アイソクロン**（whole rock isochron）という．同一岩体について全岩アイソクロンと鉱物アイソクロンが得られる場合は，前者より後者のほうが少し古い年代を示すことが多く，全岩アイソクロン年代は貫入・固結時の年代，鉱物アイソクロン年代は冷却時の年代を示すと解釈されている．

Rb-Sr アイソクロン法は，試料群の ^{87}Rb/^{86}Sr が広い範囲をもつ場合に効果的である．Rb/Sr は固液分配が大きいので，分化した岩石では広い Rb/Sr 範囲が得られる．したがって，花崗岩の全岩 Rb-Sr アイソクロンは成功する場合があるが，斑れい岩では非常に難しい．

アイソクロンの問題は，B-4-4 で詳しくとりあげられる．

（4） サマリウム-ネオジム年代（Sm-Nd age）

Sm-Nd 年代は，^{143}Sm → ^{143}Nd の壊変を利用する．原理は Rb-Sr 年代と同じで，式（A 4・2）に $D=^{143}$Nd，$P=^{143}$Sm，安定同

位体 $D_0 = {}^{144}\mathrm{Nd}$ をあてはめると，(B 4・2) と同様の式が得られる．

この壊変は半減期が1060億年と長く，白亜紀以降の新しい時代の試料には不利である．サマリウムもネオジムもストロンチウムやルビジウムに比べて比較的動きにくいことから，二次的な変質や熱作用などによって乱されにくいといわれており，Rb-Sr 法ではアイソクロンがひけなかった岩体でもアイソクロン年代が求められ，その実用性が注目された．しかし，動きにくいことはアイソクロンの条件である同位体平衡が達成しにくいことでもあり，花崗岩マグマ程度の温度条件では同位体的に均質化するか疑問視する向きもある．

サマリウムもネオジムも希土類元素の仲間で，挙動が似ており両元素の固液分配があまり大きく違わないので，試料間で Sm/Nd の範囲があまり広くならない．その結果，年代値の誤差が大きくなることが多い．

ネオジムの同位体比 ${}^{143}\mathrm{Nd}/{}^{144}\mathrm{Nd}$ は，ストロンチウムの ${}^{87}\mathrm{Sr}/{}^{86}\mathrm{Sr}$ と合わせて岩石の起源を議論する際によく用いられる．その際 ϵ (イプシロン) 値で表示されることが多い．t 年前の ϵ 値は

$$\epsilon_{\mathrm{Nd}}(t) = 10^4 \times \{({}^{143}\mathrm{Nd}/{}^{144}\mathrm{Nd})_{\mathrm{sample}}(t) - ({}^{143}\mathrm{Nd}/{}^{144}\mathrm{Nd})_{\mathrm{CHUR}}(t)\} / \{({}^{143}\mathrm{Nd}/{}^{144}\mathrm{Nd})_{\mathrm{CHUR}}(t)\} \quad (\mathrm{B}\,4\cdot4)$$

と定義される．CHUR (Chondritic Uniform Reservoir) は，炭素質コンドライトから推定した地球全体の仮想組成を意味する．t 年前の $({}^{143}\mathrm{Nd}/{}^{144}\mathrm{Nd})_{\mathrm{CHUR}}$ は，現在の同位体比 $({}^{143}\mathrm{Nd}/{}^{144}\mathrm{Nd})_{\mathrm{CHUR}}(0)$ から

$$({}^{143}\mathrm{Nd}/{}^{144}\mathrm{Nd})_{\mathrm{CHUR}}(t) = ({}^{143}\mathrm{Nd}/{}^{144}\mathrm{Nd})_{\mathrm{CHUR}}(0) + ({}^{143}\mathrm{Sm}/{}^{144}\mathrm{Nd})_{\mathrm{CHUR}}(0)\{\exp(\lambda_{\mathrm{Sm}}t) - 1\} \quad (\mathrm{B}\,4\cdot5)$$

として求められる．λ_{Sm} は ${}^{143}\mathrm{Sm} \rightarrow {}^{143}\mathrm{Nd}$ の壊変定数である．

なお，Nd をネオジウムという人がいるが，これは明らかに誤りで，ネオジムあるいはネオジミウムでなくてはならない．

（5） ウラン-トリウム-鉛年代（U-Th-Pb age）

ウランやトリウムは，多くの壊変ステップを経て最終的に鉛になる．その最初と最後だけを書くと，^{238}U → ^{206}Pb，^{235}U → ^{207}Pb，^{237}Th → ^{205}Pb の3つの**壊変系列**（decay series）になる．これらはそれぞれ独立の壊変系列なので，それぞれについて式 B4・3 のような関係式や図 B-4-3 のようなアイソクロンを書くこともできる．しかし U-Pb 年代では，複数の壊変系列を併用できるという他の年代測定法にない利点がある．2つの壊変系列が同一の放射年代を示す場合はそれが形成年代と解釈されるが，異なる放射年代を示す場合，すなわち**不一致年代**（discordant age）を与えるときも重要な年代情報が得られる場合がある．

上記の壊変系列のうち，ウランの2系列は当然半減期が互いに異なるので，^{207}Pb/^{235}U–^{206}Pb/^{238}U 平面上にウランの壊変曲線を描くと，図 B-4-3 のようになる．この曲線を**コンコーディア**（concordia，年代一致曲線）という（Wetherill，1956）．原点は現在，天然に存在する common Pb の（^{207}Pb/^{235}U）–（^{206}Pb/^{238}U）を示し，ゼロ年代を意味する．両系列が同じ放射年代を与えるときは，データはコンコーディア上に位置する．

天然の試料を測定して両系列の与える放射年代が異なる場合，（^{207}Pb/^{235}U）–（^{206}Pb/^{238}U）図上でコンコーディア上の点から出発する直線上に分布することがある．この直線を**ディスコーディア**（discordia，年代不一致曲線）と呼び，コンコーディアとの2交点をそれぞれ upper intersection，lower intersection と呼ぶ．ディスコーディアは試料物質の形成履歴を推定する根拠として，upper intersection の年代に生成した物質が lower intersection の年代に変成作用などを受けて同位体系が再平衡した，と解釈される（図B-

126　B　実践編

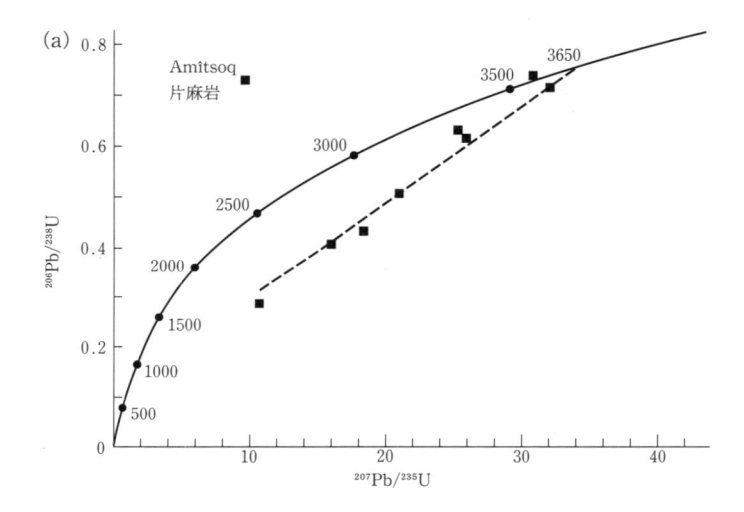

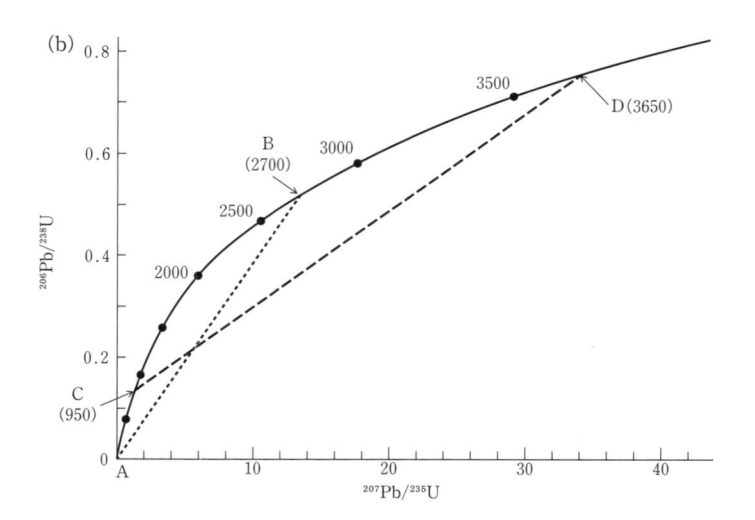

4-3(b)).

　ウラン-トリウム-鉛年代に用いられる3つの壊変系列はいずれも半減期が長く，古い年代の測定に適しているが，最近は顕生代，特に中生代以降の比較的新しい試料にも広く用いられるようになってきている（たとえば，Nakajima *et al.*, 2004 など）．その場合には，両軸に ^{238}U/^{206}Pb と ^{207}Pb/^{206}Pb をとった Tera-Wasserburg のコンコーディア図（Tera & Wasserburg, 1972）がよく用いられる（図 B-4-4）．

　ウラン-トリウム-鉛年代測定を実施するにあたっては，2つの重要な条件がある．1つは，鉛が日常生活用品に普通に使われている元素であるため，試料の鉛を抽出・処理する工程でそういった生活空間の鉛が混入しないように，特別な防塵仕様のクリーンルームを整備し，その中で作業をする必要がある．もう1つは日本に特有の問題で，日本ではウランの定量分析に用いるスパイク（同位体標準試料）が核燃料物質として法令の規制を受けるため，研究現場で日常的に使うための条件が非常に厳しい．そのため，本格的なウラン-

---

図 B-4-3　(a) 西グリーンランド，アミツォーク片麻岩のジルコンから得られるコンコーディア図（Baadsgaard *et al.*, 1973 による）．曲線上の数字は年代（単位：Ma）．アミツォーク片麻岩は 36.5 億年前に形成され，その後熱的事変があったことが示される．(b) コンコーディアを用いて，(a) のデータから岩体の形成年代と再平衡年代を求める．27 億年前に形成された岩石のジルコンはコンコーディア上のBの値を示す．その岩石が加熱されるなどして同位体的に再平衡すると，ゼロ年代の位置Aに移動する．再平衡しつつある途中の状態ではAとBを結ぶ直線（ディスコーディア）上に位置することになる．この状態で加熱が終了し，放射壊変が再開すると，9.5 億年後にはゼロ年代であった点AもCまで移動し，27 億年前の点Bは 36.5 億年前を示す点Dに移動する．先のディスコーディア AB は 9.5 億年後には CD となる

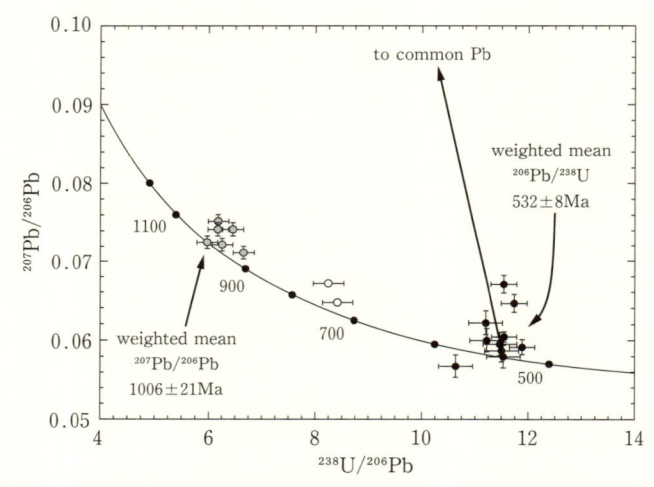

図 B-4-4 Tera-Wasserburg のコンコーディア図で表わされた東南極リュッツォ・ホルム岩体 Telen 地域のざくろ石片麻岩の U–Pb 年代 (Shiraishi *et al.*, 1994)

鉛年代の測定は国内では実質的にほとんど行なわれてこなかった．

ウランを直接分析しなくても，鉛の同位体を精度よく分析することで年代を求めることができる場合がある．2つの壊変系列によって生じる鉛同位体 ^{207}Pb，^{206}Pb の増加が規則的であれば，測定される ^{207}Pb/^{204}Pb，^{206}Pb/^{204}Pb は直線関係になる．これは一種のアイソクロンであり，年代を求めることができる．これを**鉛-鉛年代**（Pb–Pb age）と呼ぶ．日本では最近，秩父帯の緑色岩の鉛-鉛年代が求められた例がある（Tatsumi *et al.*, 2000）．

ウランやトリウムは含まれる鉱物が限定されており，通常の岩石では，ウラン-鉛年代にはジルコン，トリウム-鉛年代にはモナザイトが一般的に使われる．

・**イオンプローブ・マイクロアナライザー**（Ion-probe microanalyzer)

　同位体の分析には，粉末や鉱物粒の試料を酸分解したり加熱溶融したりした後に測定元素を分離抽出する方法が一般に用いられていたが，1980年代以降，イオンビームを測定試料に当てることによって生ずる二次イオンの同位体比を精密に測定する装置が開発された．それがイオンプローブ・マイクロアナライザー（または**二次イオン質量分析計**（SIMS；Secondary Ion Mass Spectrometer））で，鉱物内の $10\sim20\,\mu m$ といった微小部分の年代測定が可能になった．ジルコンは内部拡散が遅いために組成累帯構造ができやすく，複雑な熱史を経た岩石では単一粒内に年代の異なる部分が共存する場合がしばしばある（図 B-4-5）．また，砕屑粒子起源の古い年代をもつジルコンが変成岩や花崗岩にも少量含まれている場合がある．そのため，局所分析による年代測定の意味はきわめて大きく，鉱物粒内の部分によって異なる年代を記録している試料からその地質体の履歴をたどる試みも可能になり，イオンマイクロプローブを用いた局所年代測定の手法が確立した1980年代から，世界では年代測定の主役になった．

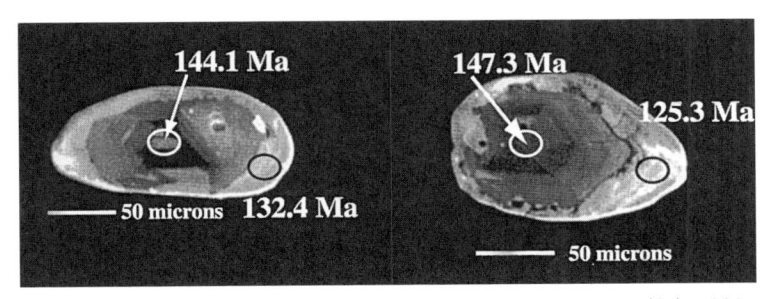

図 B-4-5　SHRIMPを用いた局所分析によって，個々のジルコン粒内で異なるU-Pb年代が検出される場合がある．四国三波川帯の石英エクロジャイトの例（Okamoto *et al*., 2004）

イオンプローブ・マイクロアナライザーの中でも，オーストラリア国立大学地球科学教室で開発・製作された高感度・高分解能イオンプローブ (Sensitive High Resolution Ion MicroProbe, 愛称 **SHRIMP**) は，局所年代測定装置としての性能・用途を追究した専用装置として設計され，そのデータの質の高さは世界の地質学界で広く認められた．特にカナダのアキャスタ片麻岩に含まれる 3980 Ma のジルコンを測定し，世界最古の岩石をそれまでのアミツォーク片麻岩から塗り替えたことで (Bowring *et al.*, 1989)，SHRIMP の知名度は大いに高まった．1990 年代になって世界各国に同型機が輸出されるようになったが，現在も世界中から地質学者たちが試料を携えてオーストラリアに測定にやってくる状況は変わっていない．日本では現在，広島大学，国立極地研究所，産業技術総合研究所に導入されている．

図 B-4-6 オーストラリア国立大学地球科学教室で製作された SHRIMP の 2 号機，SHRIMP-II

・レーザー照射型 ICP 質量分析計

誘導結合プラズマ質量分析計（Inductively Coupled Plasma Mass Spectrometer；ICP-MS）は，大気圧アルゴン高温プラズマをイオン源として用いた高感度の元素濃度および同位体分析装置で，この 10〜20 年の間に大幅に性能が向上し広く使われるようになった．ICP-MS は当初，液体試料の分析装置として開発されたが，やがて固体試料も分析できるよう，レーザー光を試料に当てて局部的に蒸発させ，ICP に導入して分析する**レーザー照射型 ICP 質量分析計**（Laser Ablation ICP-MS）が実用化された．特にレーザーのビーム径を十〜数十 μm に絞ったものはイオンプローブ・マイクロアナライザーに劣らない空間分解能をもつようになり，局所分析が可能になった．現在，多くの研究室で ICP-MS を用いた U–Th–Pb 年代測定が行なわれており，分析精度はやや SHRIMP に劣るものの，高い汎用性が認められている（平田＆Nesbitt，1996）．

(6) CHIME（または MPB）年代

日本で開発された，同位体比を測定しない同位体年代である．基本原理としては(5)と同様にウランやトリウムの壊変系列を使う．質量分析計で同位体比を測定する代わりに，ウランやトリウムが鉛に壊変することによって，それらの元素の含有量が変化することを，通常の X 線マイクロプローブで ThO，UO，Pb_2O などを精度よく定量分析して求める．

モナズ石の ThO と Pb_2O を大量に測定し，アイソクロンをひく方法（Suzuki & Adachi, 1991）と，閃ウラン鉱やトーライトといった UO，ThO の含有量が非常に多い鉱物を捜して，1 点の分析値で 1 つの年代を求める方法（Yokoyama and Zhou, 2002）がある．それぞれの手法を開発した人たちにより，前者は CHIME（Chemical isochron method）年代，後者は MPB（Microprobe）

年代と呼ばれている．

この手法は上述のイオンマイクロプローブを用いた測定と同じく局所分析によるもので，鉱物粒内に年代の著しい不均質があれば，その鉱物の成長履歴を読んで岩体の形成史を推定する手がかりを得ることができる．

CHIME 年代測定の原理と具体的な実験手法については，鈴木ほか（1999）に詳しい解説がある．

(7) アイオニウム法による年代

$^{238}U \to ^{206}Pb$ で表わされる壊変系列はウラン系列と呼ばれ，^{238}U が13種類の核種を経て最終的に ^{206}Pb に変わるものである．その系列中の一段階として存在する ^{230}Th は，半減期約25万年の ^{234}U の壊変によって生じ，約75,000年の半減期をもって ^{226}Ra に壊変する．**アイオニウム**（ionium）は ^{230}Th の別名で，これを利用して若い地質事象を年代測定する方法をアイオニウム法という．

火山岩の ^{230}Th の量は，マグマができたときに含まれていた ^{230}Th のうちまだ壊変していない分と，^{238}U から壊変によってできた ^{230}Th の合計である．^{238}U から ^{234}U までの壊変はそれに比べると無視できるくらいに早いので，^{230}Th の量は以下の式で表わされる．

$$^{230}Th/^{232}Th = (^{230}Th/^{232}Th)_0 \exp(-\lambda_{230} t) \\ + (^{238}U/^{232}Th)\{1 - \exp(-\lambda_{230} t)\} \quad (B4\cdot6)$$

ここで $(^{230}Th/^{232}Th)_0$ はマグマができたときの $^{230}Th/^{232}Th$，左辺は現在，すなわちマグマができてから t 年後の $^{230}Th/^{232}Th$，λ_{230} は ^{230}Th の壊変定数である．マグマができたときは $^{238}U/^{232}Th$ の異なる試料もみな同一の $^{230}Th/^{232}Th$ 値をもつが，それから時間が経つにつれ，$^{238}U/^{232}Th$ の値によって一定の割合で $^{230}Th/^{232}Th$ が変化する．それらを結ぶ直線の傾きは時間とともに大きくなるので，これはアイソクロンとみなすことができ（図 B-4-7），この傾きか

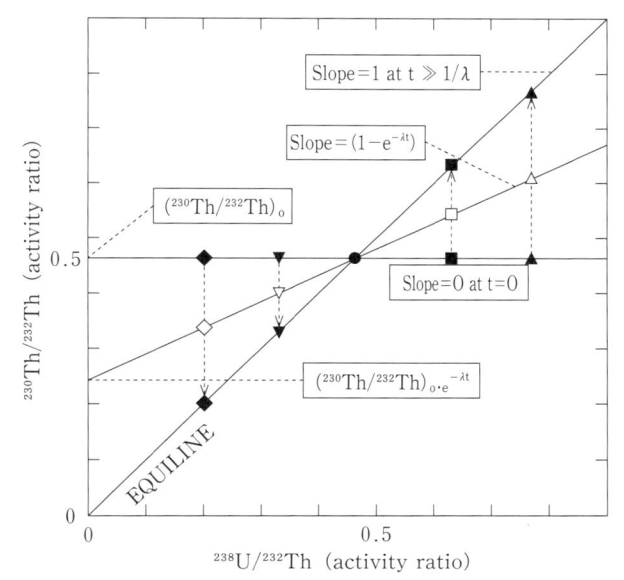

図 B-4-7 火山岩中の各鉱物の ^{230}Th/^{232}Th および ^{238}U/^{232}Th の時間変化とそれによって与えられるアイソクロン．岩石生成時（$t=0$）では傾き 0 で，十分長い時間の後では傾き 1 となる．これを EQUILINE と呼ぶ（大村，1988）

ら年代を求めることができる．

　この手法は火山岩だけでなく貝化石などにも使われる．海棲生物は海水からトリウムをほとんど取り込まず，ウランだけを選択的に取り込むので (^{230}Th/^{232}Th)$_0$ は無視できる．しかし炭酸塩鉱物からなる海棲生物化石の場合，^{238}U の壊変によって生ずる ^{234}U のほかに 14〜15％過剰の ^{234}U が存在し，^{234}U＝^{238}U と扱うことができないため補正が必要である．これも ^{230}Th を用いた方法なので，これを含めてアイオニウム法と呼ぶこともある．後者については，大村（1988）による詳しい解説がある．

（8） 炭素同位体年代（^{14}C age）

炭素は地球表層に大量に含まれる元素である．^{12}C の他に放射性同位体 ^{14}C が存在し，^{14}C は約 5700 年の半減期*で ^{12}C に壊変する．炭素は生物の骨や殻などが作られるとき，周囲の海水の炭素と同じ ^{14}C/^{12}C 比をもって作られるが，生物が死んだ後は周囲とは独立に放射壊変によって ^{14}C/^{12}C 比が変わっていく．したがって，現在の ^{14}C/^{12}C 比を測定することによって，その生物が死んでから現在までの年数がわかる．

この壊変は半減期が短いので，古い試料は ^{14}C の量が少なくなって精度の良い測定が難しく，最新の装置を用いても数万年までが限界である．そのため ^{14}C 年代は比較的新しい時代を対象にした年代測定に用いられ，人類学・考古学に大きな貢献をしている．

地質学では，サンゴや貝化石を用いた第四紀の海水準変動や，噴火の熱で炭化した木片を用いた火山活動の年代測定などに使われている．

^{14}C 年代は，大気中の CO_2 の ^{14}C/^{12}C 比が過去も現在と同じであったと仮定して計算するが，実際にはこの仮定が成り立っておらず，^{14}C 年代と樹木年輪などから求められた暦年代との間には系統的なずれがあることが知られている．そのずれを補正した年代値を **較正暦年代**（calibrated age）と呼ぶ．較正暦年代は年代値に "cal BP" をつけて表示し，その年代は 1950 年を基準にそれより何年前かを示す数字であることを表わす．

較正暦年代を求める補正計算はプログラム化されたいくつかの方法があり，Calib 5.0，WinCal 25，OxCal などがよく使われる．これらはウェブ上で "Radiocarbon" の情報ページ（http://www.

---

*半減期は 1962 年に 5730±40 年と精密測定されたが，それ以前に 5568±30 年の値で公表された年代値が多いため，混乱を避けるために後者の値を使って計算することが国際的合意とされている（町田洋ほか編，第四紀学，2003）．

radiocarbon.org/info/index.html）からダウンロードできる．較正暦年代を求める方法とそのためのさまざまな問題については中村（2003）による詳しい解説がある．

・**加速器質量分析計**

炭素同位体年代の測定には，^{14}C の放射能を液体シンチレーション法などで測定する方法がかつては一般的であったが，最近は**加速器質量分析計**（accelerator mass spectrometer）を用いて^{14}C の原子数を直接カウントする方法が開発され，極少量の^{14}C でも測定できるようになって，測定可能年代の範囲が拡大した．

加速器を使って試料をイオン化し，質量分析計で定量する方法は（図 B-4-8），装置が高価でかつ維持管理が大変，測定に熟練を要するなどの問題があるが，試料が少量ですむ，バックグラウンドが低い等の長所がある．加速器にはさまざまな規模やタイプがあるが，年代測定の分野では，タンデム型加速器による炭素同位体年代がめざましい成果をあげている．日本では名古屋大学年代測定センターに 1980 年代から設置されたのをはじめ，最近は多くのラボで活発

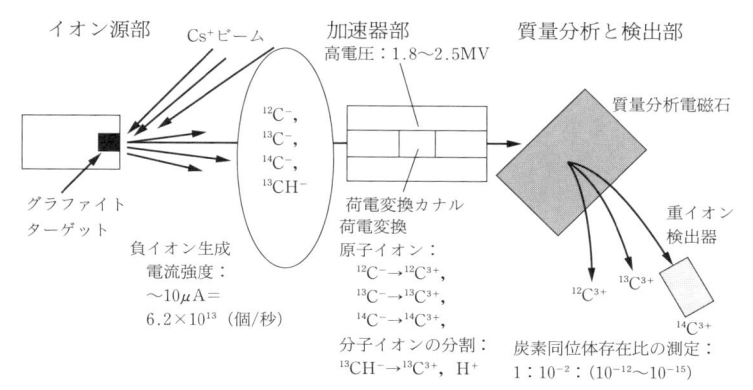

図 **B-4-8** 加速器質量分析計による ^{12}C，^{13}C，^{14}C 測定の原理（中村ほか，1999）

に使われている．

（9） フィッショントラック年代 (fission track age)

鉱物に含まれる ^{238}U が自発核分裂を起こして2つの粒子になるときにできる結晶内のフィッショントラック（飛跡）の密度 ρ_s は，鉱物の年代 t とウラン濃度に比例する．このトラックをエッチングで拡大して観察・計測することによって年代を求める方法である．その関係は次の式で表わされる．

$$\rho_s = f(\lambda_f/\lambda_{238})^{238}\mathrm{U}\{\exp(\lambda_{238}t) - 1\} \qquad (\mathrm{B}\,4\cdot7)$$

f はエッチングした試料表面で観察されるトラックの割合，λ_f と λ_{238} は ^{238}U の自発核分裂壊変定数と全壊変定数である．ウラン濃度は，試料を中性子照射すると生ずる ^{235}U の誘発核分裂トラックを計測することで得られる．^{235}U の誘発核分裂トラック密度 ρ_i は次の式で与えられる．

$$\rho_i = f^{235}\mathrm{U}\,\phi\sigma \qquad (\mathrm{B}\,4\cdot8)$$

ϕ は中性子束の密度，σ は誘発核分裂を生ずる試料断面積である．式（B 4・7）と（B 4・8）から t を求める．

自発核分裂トラックは，鉱物晶出時以降生成してきたものであるが，鉱物が二次的に高温条件にさらされると，トラックは消滅する．この**トラック消滅温度**（別名**アニーリング温度**，anealing temperature）は，鉱物が冷却するときに自発核分裂トラックが残るようになる温度でもあり，同位体時計の閉止温度（B-4-3(1)に詳しい解説）と同様の意味をもつ．このアニーリング温度は鉱物によって異なり，また冷却速度によっても多少変動する．

フィッショントラック年代を測定する試料鉱物としては，ウランを適量含むことでジルコンが最もよく使われ，他にリン灰石，スフェーンなども使われることがある．アニーリング温度はジルコンが約240°C，リン灰石が約130°C，スフェーンが340°C程度といわれる（表 B-4-1）．

表 B-4-1 いろいろな年代測定法における閉止温度の例. 実際には鉱物の粒度, 形状, 冷却速度などによってある程度変わるので, これはあくまで目安の数字である

	K-Ar, ^{40}Ar-^{39}Ar	Rb-Sr	U-Pb	フィッショントラック
黒雲母	300	300		
白雲母	350			
ホルンブレンド	500			
ジルコン			～700	240
リン灰石				130
スフェーン				340
全岩アイソクロン		650-700		

単位:°C

(10) その他の年代測定法

これらの他にも, 多くの年代測定手法があり, それぞれの目的に使われている.

電子スピン共鳴年代 (Electron Spin Resonance age, 略してESR age) は, 自然放射線によって生じる鉱物中の格子欠陥や損傷にとらえられた電子をESR信号として計測するもので, 古いものほど累積損傷が大きいことを利用し, 数千年から100万年程度の年代が測れる (今井・下川, 2002). **熱ルミネッセンス年代** (Thermoluminescence age) は, その自然放射線による捕獲電子の量を, 試料を加熱することによってそれから生じる光の強さを計測して求める. この光を熱ルミネッセンスという.

同位体年代では, 上記(1)～(6)に紹介されたもののほかに, 1980年代以降に開発された**ランタン-セリウム (La-Ce) 年代** (Tanaka & Masuda, 1982), **ランタン-バリウム (La-Ba) 年代** (Nakai *et al.*, 1986), **ルテシウム-ハフニウム (Lu-Hf) 年代** (Patchett & Tatsumoto, 1980) などが知られているが, 地質試料

一般に広く利用されるまでには至っていない.**レニウム-オスミウム(Re-Os)年代**(Luck & Allegre, 1982)は,親元素・娘元素ともに金属元素で金属相や硫化物に含まれる性質があるため,鉄隕石や金属鉱物に用いられている.

B-4-2 測定試料の選び方と鉱物分離
(1) 年代測定試料の選び方と採取

年代測定試料の選び方・採取法は,年代測定手法の選択と表裏一体の関係にある.すなわち,用いられる年代測定手法に即した試料を,有利な測定条件で測定できるような形で採取することが望まれる.

・用いる壊変系の元素が十分な量含まれていること

K-Ar 年代や ^{40}Ar-^{39}Ar 年代などには K_2O を多く含む黒雲母,白雲母などの鉱物が多く用いられてきた.K_2O に富む鉱物は通常,

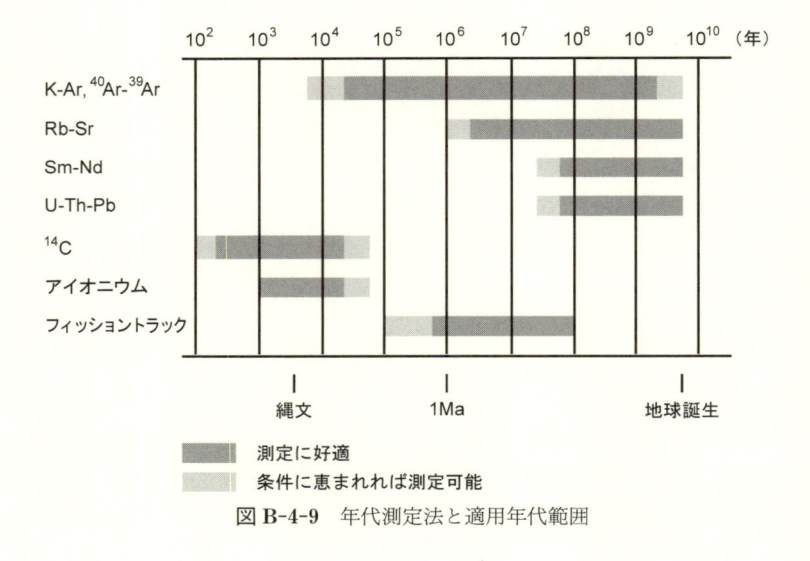

図 B-4-9 年代測定法と適用年代範囲

Rbも多く含むので,これらはRb-Sr年代測定にも有利である.同様の理由で,U-Pb年代にはジルコンが,Th-Pb年代にはモナズ石が最もよく使われる.

しかし最近は測定技術の進歩により,単斜輝石や斜長石など,K_2Oを少量しか含まない鉱物もK-Ar年代や$^{40}Ar-^{39}Ar$年代の測定試料として使われるようになっている (Itaya *et al.*, 1996).

・**手法による適正年代域**

年代測定法には,比較的古い年代を測るのに適した方法と若い年代を測るのに適した方法があり,測定対象によって適切に選択する必要がある.測定試料の年代と半減期が何ケタも違う壊変系は非常に条件が悪くなるので事実上使われない.

100万年以下の若い試料なら^{14}C年代(数万年以下),フィッショントラック年代,アイオニウム年代などが使われる.K-Ar年代や$^{40}Ar-^{39}Ar$年代は数十万年より古い試料が適しているが,カリウムに富む試料などでは数万年でも可能な場合がある.

・**鉱物の含有(量)の問題**

使いたい年代測定手法に好適な鉱物が試料とする岩石に含まれていることは,当然の前提条件である.それもある程度の量,すなわち,鉱物濃集試料がさほどの困難なく調製できる程度の含有量と粒度をもっていることが望ましい.たとえば,上述の雲母類の中でもよく使われる黒雲母は花崗岩類の多くに含まれるが,玄武岩や斑糲岩などの塩基性岩類にはほとんど含まれず,火山岩にもあまり含まれない.白雲母はその性質がもっと極端で,花崗岩類と砂泥質変成岩にしか含まれない.ジルコンは一般に塩基性岩よりも花崗岩類に多く含まれる.

・**変質岩についての試料採取**

変質していない新鮮な試料を用いることは一般原則であるが,低温の変質には比較的強い鉱物,低温で再平衡して同位体時計がリセ

ットされる鉱物などを目的に応じて使い分けることもできる．たとえば，花崗岩に含まれるジルコンは，岩石が少々変質したり風化してマサになっても，鉱物生成時のU-Pb年代を保持していることが多い．

（2） 鉱物の分離・濃縮

年代測定試料として岩石中に含まれる特定の鉱物を用いる場合は，岩石からその鉱物を機械的に分離抽出しなければならない．分離の方法としては，鉱物ごとの比重や磁性の違いを利用して分離するのが一般的である．鉱物分離をするにあたっては，岩石を粉砕してある程度の粒度範囲にそろえるほうが分離効率がよい．分離する鉱物の試料岩石内での粒径により，60～100メッシュ，100～150メッシュ，150～250メッシュなどにそろえておく．

・磁性の違いを用いる方法

磁性の違いを利用する場合，まず最初に通常の永久磁石で強磁性鉱物を除去する．ここでは，岩石に含まれていた磁鉄鉱のほか，粉砕の過程で混入した粉砕装置内部の破片が除去される．特に，粉砕にディスクグラインダーを使った場合は，グラインダーの鉄片が少量混入するので，確実に除去する必要がある．

鉱物の磁性による分離装置の代表的なものは，**アイソダイナミック・セパレーター**（isodynamic separator，図B-4-10）である．これは，傾斜したレール上を流れる鉱物粒に電磁石で磁場をかけて流路を曲げ，磁場の強さとレールの傾斜の角度を調整することによって磁性の異なる鉱物を分離するものである．鉱物の磁性の強さはおおむね鉄分の含有量によって決まるので，一般に有色鉱物は無色鉱物よりも磁性が強い．アイソダイナミック・セパレーターを用いる際は，試料中の磁鉄鉱などの強磁性鉱物をあらかじめ除いておかないと，電磁石に付着して試料鉱物の流路が妨げられ，分離ができなくなる．

図 B-4-10 右がアイソダイナミック・セパレーター．電磁石の中をレールが通っていて，その上を鉱物粒が流れる間に磁性によって分離され，別の容器に入る．左は可変電源ユニット

・比重の違いを用いる方法

造岩鉱物の比重は一般に2.5～3.5程度なので，比重の大きい液体を用意してそれに浮くか沈むかで分離することができる．比重の大きい液体は**重液**（heavy liquid）と呼ばれ，ヨウ化メチレン（比重3.3），ブロモホルム（比重2.7）などが用いられ，それを溶媒で希釈して実効比重を調整して使う．これらの希釈液には通常アセトンが用いられるので，その取り扱いには注意が必要である．使用した重液は洗浄液とともに回収し，よく洗浄した後希釈液を除去して再利用できる．重液分離には分液ロート（図 B-4-11）が用いられる．

表 B-4-2 主要鉱物の密度

鉱物名	比重	化学式
カリ長石		$KAlSi_3O_8$
正長石	2.6	
微斜長石	2.6	
サニディン	2.6	
斜長石		
曹長石	2.6	$NaAlSi_3O_8$
灰長石	2.8	$Ca_2Al_2Si_2O_8$
石英	2.7	SiO_2
白雲母	2.8～2.9	$K(Al,Mg,Fe,Si)_3Si_3O_{10}(OH)_2$
黒雲母	2.9～3.1	$K(Mg,Fe,Al)_3(Al,Fe^{3+})(Si,Al)_3O_{10}(OH)_2$
リン灰石	3.1～3.3	$Ca_5(PO_4)_3(OH)$
角閃石		
ホルンブレンド	3.1～3.3	$(Na,K)Ca_2(Mg,Fe,Al)_5(Si,Al)_7O_{22}(OH)_2$
普通輝石	3.2～3.5	$Ca(Mg,Fe,Al)(Si,Al)_2O_6$
スフェーン	3.5	$CaTiSiO_5$
ざくろ石		
グロシュラー	3.6	$Ca_3Al_2Si_3O_{12}$
パイロープ	3.7	$Mg_3Al_2Si_3O_{12}$
スペサルティン	4.2	$Mn_3Al_2Si_3O_{12}$
アルマンディン	4.3	$Fe_3Al_2Si_3O_{12}$
ジルコン	4.6～4.7	$ZrSiO_4$
モナズ石	5.0～5.3	$(Ce,La,Th)PO_4$

さらに重い鉱物を分離するのに，かつてはクレリチ溶液（蟻酸タリウムとマロン酸タリウムの混合液，比重4.0）が使われたが，非常に毒性が強いため，最近はほとんど用いられなくなっている．他の重液も一般に多少の毒性があるため，重液分離の作業は排気装置と浄化機構の完備したドラフトチャンバー（図 B-4-11）の中で行うことが望ましい．

最近はこれらの重液に代わってSPT擬重液がよく使われるようになっている．これはSPT（Sodium Polytungstate）の粉末を水に溶解して比重の大きい液体にしたものである．水を希釈液として使うので取り扱いが安全であること，また使用後の回収が容易であるなどの長所がある．

図 B-4-11 ドラフトチャンバー内に設置された分液ロート．中に比重を調整した重液と鉱物粒を入れて，沈む鉱物と浮く鉱物とを分ける

　ジルコンなど岩石中にごく少量しか含まれない鉱物を分離する際は，大量の粉砕試料から出発するので，いきなり重液を使うことは現実的でない．そのような場合には，鉱山で使われるような傾斜板に水を流して重い鉱物と軽い鉱物を分ける方法や，川砂から重鉱物や砂金などを探す時に使うような「わんがけ」（panning）が一次濃集作業に使われる．これも水流によって水とともに軽い鉱物を洗い流してしまう，一種の比重差を用いた方法である．

・その他の方法

　鉱物分離には，上記のような正統的な方法の他にも，ほとんど装置らしいものを使わない裏ワザ的な方法も有効なことがある．その代表として，雲母類を紙やビーカーを使って分離濃集する方法はよ

く知られている．これは雲母類の薄く扁平な形になりやすい性質を利用するもので，粒度を大まかにそろえた粉砕試料を少量ずつ紙の上に薄く広げ，紙を傾けながら軽くたたいて滑り落とすと，雲母類だけが紙の表面に付着して残る．この方法は**タッピング**（tapping）と呼ばれ，慣れるときわめて高純度の雲母試料が得られる．粒度が非常に細かい粉砕試料の場合は，紙を使うかわりにガラスビーカーに試料を入れ，軽くゆすってからビーカーを逆さにして中身をあけると，内壁に雲母類が選択的に付着して残る．細粒の試料では有効である．

B-4-3 同位体時計のスタートとリセット

(1) 閉止温度

放射年代が与えるのは，測定した岩石ないしは岩体内で同位体平衡が達成し，その同位体系が閉じてから現在までの時間である．たとえば，地殻内で貫入したマグマが固結冷却するときを考えてみよう．同位体系が閉じるのは，温度の低下によって系の内部エネルギーが小さくなり，拡散による均質化で系内の成分が系外に出られなくなったときと考えられる．その温度は元素ごと・鉱物ごとに異なり，**閉止温度**（closure temperature あるいは blocking temperature）と呼ばれる．冷却する岩体で各同位体時計がスタートするのは，この温度からである．

Dodson（1973）は，試料の同位体系が閉止する条件を，**拡散**（diffusion）の方程式をもとにモデル化し，閉止温度は鉱物の**拡散係数**（diffusion coefficient），鉱物の粒径，形状，冷却速度の関数であることを示す，次の式を発表した．

$$E/(RT_c) = \ln[-(ART_c^2 D_0)/\{a^2 E(dT/dt)\}] \quad (B 4・9)$$

ただし，T_c；閉止温度，D_0；拡散係数，R；気体定数，E；活性化エネルギー，a；拡散にかかわる試料の大きさ，A；試料の形

状によって変わる係数である．この式をもとに Harrison（1981），Harrison & McDougall（1980）らがいろいろな鉱物について拡散実験を行い，閉止温度を見積もった．一方，それらと合わせて天然の鉱物年代データの側から経験的に閉止温度を推定する人もいて（Jäger，1979；Dodson & McLelland-Brown，1984 など），閉止温度の推定値は研究者によって多少の差があるのが実情である．たとえば，中粒花崗岩に含まれる黒雲母の K-Ar 年代は約 300℃，ホルンブレンドの K-Ar 年代は約 500℃といわれている（表 B-4-1 参照）．

（2） 冷却曲線と熱年代学

単一の岩石試料について，閉止温度の異なるいくつかの年代が得られたら，その岩体の**冷却曲線**（cooling curve）を描くことができる．花崗岩体を例にとると，ジルコンの U-Pb 年代や Rb-Sr 全岩アイソクロン年代のように岩体の固結時に近い年代から，もっと低温の冷却過程で閉止する ^{40}Ar-^{39}Ar，K-Ar や Rb-Sr の鉱物年代を経て，さらに低温のジルコンやリン灰石のフィッショントラック年代までのデータセットをそろえて，岩体の冷却史を議論することができる．このような方法を**熱年代学**（thermochronology）と呼ぶ．熱年代学は広域テクトニクスを論じる際の重要な条件となる．

単一の岩体のあちらこちらから採取された複数の岩石試料について同様の試みがなされる場合もある．この場合は，岩体全体が同じ冷却温度・冷却史をもつという仮定の上に立っているが，大きい岩体の場合は岩体のあちこちで冷却温度が異なる可能性があるので注意が必要である．

（3） 変成岩における同位体時計のスタート

高温のマグマが冷却するだけの火成岩に比べて，変成岩は一般に昇温過程と冷却過程の両方を体験している．両過程の境界が最高温度時である．最高温度が閉止温度よりも高温であれば，同位体時計

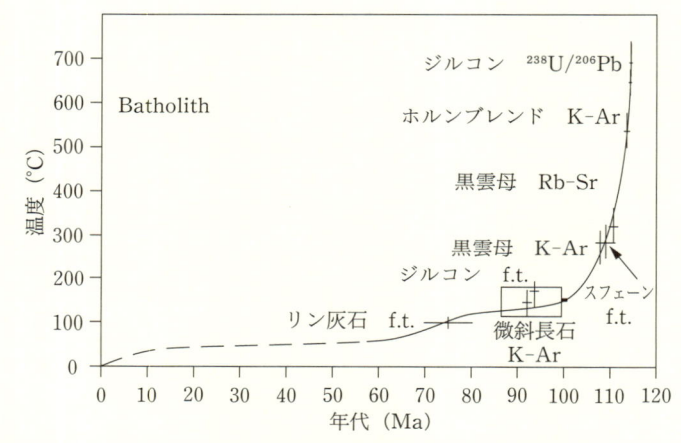

図 B-4-12 ニュージーランド南島北部 Separation Point Batholith の冷却曲線（Harrison and McDougall, 1980）

が動き出すのは当然，冷却過程で閉止温度を通過した時である．最高温度が閉止温度よりも低温であるような変成岩では，一般に最高温度時と考えられている．

しかし，その最高温度時に岩体内で同位体平衡が達成されていたかどうかは問題である．たとえば，低温の変成条件で形成された鉱物を測定試料とする場合，それと同じ鉱物が原岩に砕屑鉱物として含まれ変成作用後も残存していることがありうる．その場合，砕屑鉱物はそれ自身の形成時における同位体組成を保持しているので，測定して得られる年代値に影響を与えることになる．弱変成岩における細粒白雲母の K-Ar 年代測定では，形態や粒度・組織などから砕屑性の白雲母を区別する試みがなされている（高見ほか，1993）．

堆積岩については，Rb-Sr 全岩年代で成功した例がある．日本では，美濃帯のチャートや珪質頁岩について，放散虫化石で与えら

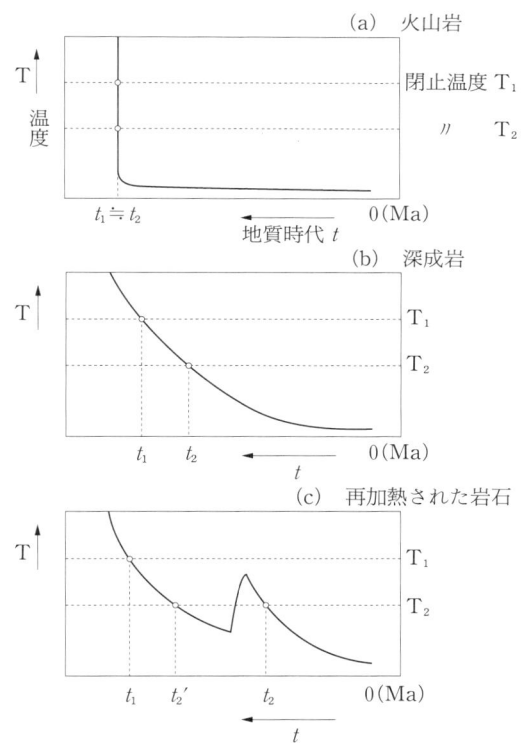

図 B-4-13 岩体の熱史パターンと放射年代値,閉止温度の関係.同一岩石を閉止温度がそれぞれ T_1, T_2 ($T_1 > T_2$) である2つの年代測定法によって測定し,それぞれ t_1, t_2 の年代が得られたとする.(a)火山岩のように急冷した岩石では t_1 と t_2 がほぼ等しくなり,噴出年代を表わす.(b)深成岩のように長時間かかって冷却した岩石では,t_1, t_2 は冷却曲線がそれぞれの閉止温度 T_1, T_2 を通過した時刻を表わす.(c)いったん T_2 以下の温度まで冷却した岩石が,その後変成作用などによって再度 T_2 以上の温度に温められると,その岩石の年代値 t_2 は2度目の冷却過程で温度 T_2 まで冷えた時刻を表わす.この温められた温度が T_1 より低ければ,t_1 は最初の冷却過程の時期を表わす

れる年代よりやや若い年代が得られ,続成作用の年代と解釈された (Shibata & Mizutani, 1980).

(4) 同位体時計のリセット～年代の若返り

同位体を用いた年代は,二次的な熱的事変などの影響で,もとの年代よりも若い年代を与えることがある.これには2つの原因が考えられる.1つは同位体系が二次的な熱的事変によってリセットされること,もう1つは熱的再平衡が実現しなくても放射壊変によってできた娘核種が系外に逸散し始めることである.

このうち1つ目の条件は,閉止温度と合わせて理解することができる.すなわち,二次的な熱的事変が閉止温度を超える温度条件を岩石に与えれば,鉱物が分解しなくても組成的同位体的に再平衡し,新たな放射壊変がそこから始まる.しかし現実のプロセスはもう少し複雑で,閉止温度を短期間わずかに超えるような二次的熱的事変では,完全な再平衡には至らず新しい熱的条件に向かって中途半端にリセットされ,K-Ar年代などは中間的な年代を与えてしまうことが起こりうる.こういう場合の年代値には,地質学的な意味は全くない.

また,岩石が二次的に熱水変質や地殻流体による鉱物中の親核種成分の選択的な溶脱を受ければ,その後の壊変系はそれまでと違ってくるはずである.黒雲母のK-Ar年代測定の際に,緑泥石化など,もとの鉱物が部分的にでも失われているかどうかを入念に調べるのはこのためである.

一部には,K-Ar年代は熱的事変がなくても岩石の変形に伴って放射アルゴンが逸散することで年代が若返ると主張する研究者もいる (Itaya & Takasugi, 1988).状況証拠が不十分で,まだおおかたの賛成は得られていないが,今後検討されるべきであろう.

B-4-4 アイソクロン法における問題
(1) アイソクロン法の論理構造

　アイソクロンが成立するための前提条件は，測定した試料全部が岩体規模で同位体平衡に達していたこと，変質等による二次的な放射性核種の逸散が起こらなかったことである．しかし，特に全岩アイソクロンの場合，これらは岩石あるいはマグマ形成時のことなので，現在それを直接確認することはできない．そこで，試料の測定結果がアイソクロン図上で一直線上に分布すればこの前提条件が満たされていたと追認する，という逆転した論理を使っている．すなわち，アイソクロンの正当性はひとえに測定データの直線回帰性によって保証される．しかし現実には，単一岩体からのデータでも直線分布を示さないことも多く，岩体形成時に必ずしも同位体平衡が実現していないことを表わしている．図 B-4-14 は九州大崩山花崗

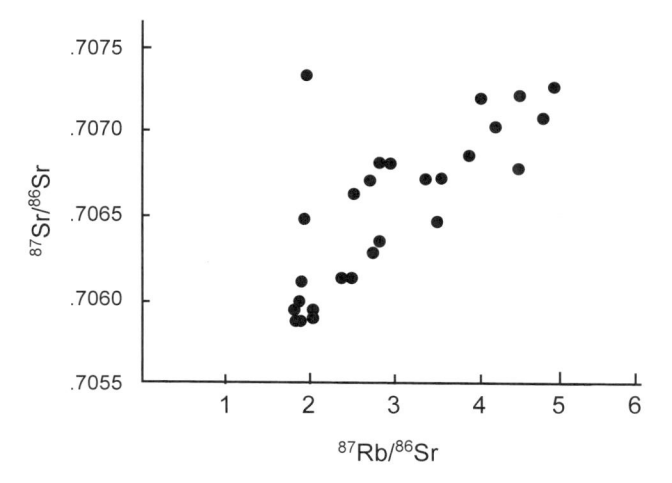

図 B-4-14　単一の貫入岩体でもアイソクロンがひけない例．九州大崩山花崗岩体では，岩体形成時にストロンチウム同位体について十分均質化しなかったことを示している（岡本康成/高橋正樹氏提供）

岩体の例で，岩体形成時にストロンチウム同位体系について均一化していなかったことを明瞭に示している．

(2) 直線回帰性を高めるための作業と危険性

アイソクロン年代を得るため，生データのままでは直線回帰性が十分でない場合にもそれを追求する努力がしばしば行なわれ，それは半ば慣例化している．それは，回帰直線からはずれるデータを何らかの理由づけで除外することにより，「本来あるべき母集団」による回帰直線を得る，という作業である．しかし，それらのデータを除外することが正当かどうかは大きな問題であり，ともすれば恣意的な操作になってしまうおそれがあるので，その判断は慎重でなければならない．

同様に，測定結果は2本の直線に回帰すると解釈されるケースがある．この場合も，それぞれの直線に相当する試料集団が成因的に異なっていると考える根拠と，2つの異なる同位体平衡系がどのような位置関係・成因的関係で存在していたのかについて注意深く考察した上で，2本のアイソクロンの正当性を評価する必要がある．

このどちらの場合も，(1)で述べられているように初期の岩体全体にわたって同位体平衡が達成されていたとは限らないので，図B-4-14のように全体がばらつきの多い単一のデータ群である可能性も十分に考える必要がある．その結果，アイソクロンがひけないという結論になっても，それは十分意味のある結果である．現実には，活字になった論文にも，およそアイソクロンを形成しないデータ群から都合のよいデータを選んで無理やり「アイソクロン」をひいている例が少なからずあるので，十分な注意が必要である（図B-4-15）．

現在では，年代を測定して発表する人だけでなく，それを読む人の側でもこれらの検討を行い，すでに論文で公表されている年代についてもそれを盲目的に信じるのでなく，その正当性・信頼性を的

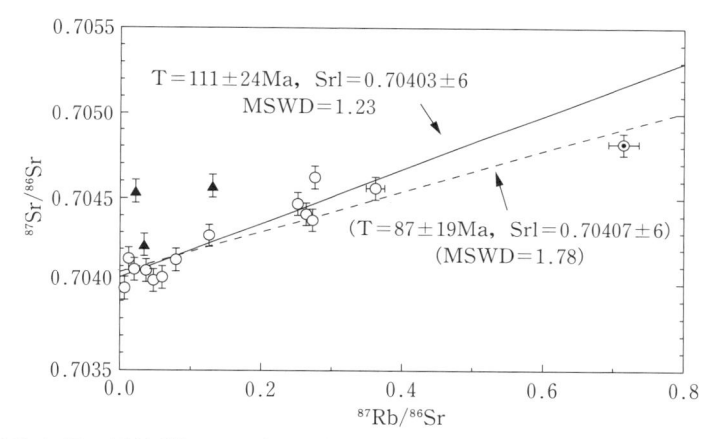

図 B-4-15 直線回帰しないデータ群に，アイソクロンを無理にひいてしまっている例．パキスタン北部 Chilas 岩体の Rb-Sr「アイソクロン」(Mikoshiba *et al.*, 1999)

確に評価して自分の議論に使うことが求められている（中島，2002）．

（3） 直線回帰性の評価

 直線回帰性の尺度を表わす指数として **MSWD**（Mean Square of Weighed Deviates）がよく用いられる．これは言葉の意味からもわかるように回帰直線からのずれ幅の平均値を示すもので，値が小さいほど直線回帰性がよいことを表わす．通常，標本数が10程度のときは，MSWD＝2.5以下であることが回帰直線が意味をもつ目安とされている．MSWD がそれ以上のものはアイソクロンとは見なせず**エラクロン**（errochron）と呼ぶ．エラクロンは測定誤差を超えた地質学的要因によるばらつきとみなされる．標本数がこれより少ないときは当然もっと小さい値が要求されるわけであるが，同時に標本数が少なくなればなるほど MSWD の目安としての

意味は薄れてくる．さらに，MSWD は各データの誤差を大きく見積もると小さい値になる性質をもつことも知っておく必要がある．

(4) **混合線とアイソクロン**

2つの異なった成分がさまざまな割合で混合した複数の試料を測定した場合も，それらのデータはアイソクロン図上で一直線上にならぶ．しかしこれは**混合線**（mixing line）であって，直線の傾きは年代を示すわけではない．混合線とアイソクロンの判別には，同位体比とその元素濃度の逆数の関係がよく使われる．混合線の場合はこれもほぼ直線関係になるはずであるが，混合線でなくアイソクロンである場合は通常無相関分布になる．このように，一見アイソクロンのように見えるが実際はそうでないものを**擬アイソクロン**（pseudo-isochron）と呼ぶことがある．

(5) **アイソクロン年代の示すもの**

深成岩類の全岩アイソクロン年代としては，Rb-Sr 年代や Sm-Nd 年代がよく用いられるが，これらの同位体時計がどのような時にスタートするかは，これも推定による．一般に，花崗岩類の Rb-Sr 全岩アイソクロン年代は，岩体の固結時期を示すと解釈されることが多いが，同位体時計の動き出しは原理的に固体内の同位体拡散の温度異存性によって決定されるので，基本的には閉止温度の問題である．しかし，鉱物ごとの拡散係数を実験で決めるように全岩系の拡散係数を求めることはできないので，経験的に花崗岩マグマの含水ソリダス温度に近い 650〜700°C と推定している．同位体平衡系の単位が貫入岩体規模というのも希望的推定でしかない．岩体内で同位体的に不均質である例は珍しくないし，同一マグマから分化した別岩体が同じくらいの初生同位体比をもつこともありうる．さらに，Sm-Nd 系は Rb-Sr 系よりも同位体拡散が遅いので，花崗岩マグマの温度で均質化するかどうか疑問視する人が多い．

一方，鉱物アイソクロン年代は，岩体の冷却年代であると漠然と

解釈されている．これは鉱物の閉止温度に支配されるはずであるが，鉱物ごとの閉止温度の違いがどう反映されるかはよくわかっていない．現実には，娘/親元素間の分配が大きい鉱物の影響が大きくなる．

B-4-5　放射年代値の数値上の問題
（1）誤差の問題

年代値には通常，**誤差**（error）が表記されているが，しばしばそれを無視した議論がある．たとえば，100 ± 10 Ma は 90 ± 5 Ma よりも古いとはいえないはずであるのに，誤差を無視して 100 Ma は 90 Ma よりも古い，という議論にしている論文があったりするので注意が必要である．

通常，誤差として表示されているのは，年代値の算出に必要ないくつかの分析における測定誤差を合わせて統計的に処理したものである．したがって，その算出法は年代測定手法によって異なる．K-Ar 年代では，放射起源の ^{40}Ar の測定とカリウムの定量分析の誤差から算出するが（Dalrymple & Lanphere, 1969），多くは求めた年代値の2～3％程度の誤差となり，1％以下にするのは難しい．^{40}Ar-^{39}Ar 年代の誤差は，測定の誤差だけで表示されているので非常に精度よい年代が得られているようにみえるが，絶対値としては年代の標準となっている K-Ar 年代のもつ誤差の上に乗っている．SHRIMP を用いた U-Pb 年代でも同様のことがあり，年代値の誤差は測定誤差のみから計算されていて，同時分析される年代標準試料の均質性による誤差などは算入されていない．

Rb-Sr などのアイソクロン年代は，データ群の直線回帰性を最小自乗法で評価することによって得られるが（B-4-1(3)参照），誤差はデータ群の回帰直線からのばらつきをもとに算出する York（1966, 1969）の方法が一般に用いられている．最近国際的に広く

使われている放射年代算出プログラム"Isoplot"(Ludwig, 1999)でも，アイソクロン年代の計算はこの York の方法に基づいている．

(2) 壊変定数の問題

放射壊変の壊変定数は，すべての壊変系について正確な値が得られているわけではなく，時代によって使われる値が変わっているので，古いデータを最近のデータと比較検討するときは換算が必要である．この換算によって年代値が2, 3%変わることもあるので注意を要する．現在は，1976年に開かれた世界年代学会議で批准された値 (Steiger and Jäger, 1977) が使われることが多い．このときの改訂に基づいて換算すると，Rb-Sr 年代はそれ以前の壊変定数によって得られていた値と比べて約2%古くなる．

この換算は，K-Ar 年代，U-Pb 年代など複数の壊変系が関与しているものについては単純な比例計算にはならないので注意が必要である．たとえば K-Ar 年代では，20億年より古い年代は換算によって最大2%若くなるが，それより若い年代は逆に最大2%古くなる．

B-4-6 年代学と地質学の接点と融合点
(1) 地質年代表

層序学あるいは広義の地質学によって組み立てられた地質時代の表に年代目盛を入れたものを，**地質年代表**あるいは**地質年代尺度** (Geologic time scale) といっている．地質年代学の初期の役目の1つは，この目盛の数値を与えることであった．すなわち，地質時代区分の境界年代を決めることである．

しかしこれにはいくつかの問題がある．始生代から歴史時代まで測定できる手法はほとんどないので，目盛の数字はいくつかの手法がリレー式に使われることになるが，異手法間の年代キャリブレー

ションは一般に完全ではない．測定手法と技術が向上し，非常に細かい数値差を議論するようになると，ラボごとに年代の標準がわずかに一致していないことも無視できなくなる．

これまでに多くの地質年代表が発表された．過去には Harland ほか（1989），Odin（1984），GSA 1983 などがよく用いられた．国内の文献では，兼岡（1998），地学事典新版（1996），地質学ハンドブック（2001）などがあり，中味はみな少しずつ違う．これらは，既版の年代表を基にして執筆者が独自の判断で部分修正をほどこしたり，いくつかの年代表の部分部分を切り取ってつなぎ合わせたものもある．それらはそれぞれに執筆者なりの根拠があるわけだが，利用者にとってはそのどれに従えばいいのか悩む．悩んだあげく，どの年代表にも問題点があると感じた人が，その人の考えで新しい修正版を作る．こうしてさらに年代表が増えることになる．

国際層序学会議（International Committee of Stratigraphy, ICS と略称）はこれまで，4 年ごとに開かれる万国地質学会議（International Geological Congress, IGC と略称）において，地質年代表の見直しと修正を行ってきた．2004 年にイタリアで開かれた IGC 第 32 回大会では，そこで上程される予定の Gradstein らによる新しい地質年代表が，本会議に先がけて Cambridge University Press から出版され，同時に Episodes 誌にも発表された（Gradstein *et al.*, 2004 a, b）．この 2004 年版地質年代表は，すべての時代境界年代について最新のレビューに基づく検討と改訂がなされている点が重要であるが，新生代を Paleogene（従来の古第三紀）と Neogene（従来の第四紀＋新第三紀）の二つに分けるという新しい提案に第四紀関係者からの強い反対があって，同年 IGC の本会議では批准保留となった．

2005 年以降 ICS は国際第四紀学連合（INQUA）を加えて修正案を協議してきたが，2009 年に最終案をまとめて国際地質科学連

Eonothem Eon	Erathem Era	System Period	Series Epoch	Stage Age	Age (Ma)
Phanerozoic	Cenozoic	Quaternary	Holocene		0.0117
			Pleistocene	Upper	0.126
				"Ionian"	0.781
				Calabrian	1.806
				Gelasian	2.588
		Neogene	Pliocene	Piacenzian	3.600
				Zanclean	5.332
			Miocene	Messinian	7.246
				Tortonian	11.608
				Serravallian	13.82
				Langhian	15.97
				Burdigalian	20.43
				Aquitanian	23.03
		Paleogene	Oligocene	Chattian	28.4±0.1
				Rupelian	33.9±0.1
			Eocene	Priabonian	37.2±0.1
				Bartonian	40.4±0.2
				Lutetian	48.6±0.2
				Ypresian	55.8±0.2
			Paleocene	Thanetian	58.7±0.2
				Selandian	~61.1
				Danian	65.5±0.3
	Mesozoic	Cretaceous	Upper	Maastrichtian	70.6±0.6
				Campanian	83.5±0.7
				Santonian	85.8±0.7
				Coniacian	~88.6
				Turonian	93.6±0.8
				Cenomanian	99.6±0.9
			Lower	Albian	112.0±1.0
				Aptian	125.0±1.0
				Barremian	130.0±1.5
				Hauterivian	~133.9
				Valanginian	140.2±3.0
				Berriasian	145.5±4.0

Eonothem Eon	Erathem Era	System Period	Series Epoch	Stage Age	Age (Ma)
Phanerozoic	Mesozoic	Jurassic	Upper	Tithonian	145.5±4.0
				Kimmeridgian	150.8±4.0
				Oxfordian	~155.6
			Middle	Callovian	161.2±4.0
				Bathonian	164.7±4.0
				Bajocian	167.7±3.5
				Aalenian	171.6±3.0
			Lower	Toarcian	175.6±2.0
				Pliensbachian	183.0±1.5
				Sinemurian	189.6±1.5
				Hettangian	196.5±1.0
		Triassic	Upper	Rhaetian	199.6±0.6
				Norian	203.6±1.5
				Carnian	216.5±2.0
			Middle	Ladinian	~228.7
				Anisian	237.0±2.0
			Lower	Olenekian	~245.9
				Induan	~249.5
	Paleozoic	Permian	Lopingian	Changhsingian	251.0±0.4
				Wuchiapingian	253.8±0.7
			Guadalupian	Capitanian	260.4±0.7
				Wordian	265.8±0.7
				Roadian	268.0±0.7
			Cisuralian	Kungurian	270.6±0.7
				Artinskian	275.6±0.7
				Sakmarian	284.4±0.7
				Asselian	294.6±0.8
		Carboniferous	Pennsylvanian Upper	Gzhelian	299.0±0.8
				Kasimovian	303.4±0.9
			Pennsylvanian Middle	Moscovian	307.2±1.0
			Pennsylvanian Lower	Bashkirian	311.7±1.1
			Mississippian Upper	Serpukhovian	318.1±1.3
			Mississippian Middle	Visean	328.3±1.6
			Mississippian Lower	Tournaisian	345.3±2.1
					359.2±2.5

Eonothem Eon	Erathem Era	System Period	Series Epoch	Stage Age	Age (Ma)
Phanerozoic	Paleozoic	Devonian	Upper	Famennian	359.2±2.5
				Frasnian	374.5±2.6
			Middle	Givetian	385.3±2.6
				Eifelian	391.8±2.7
			Lower	Emsian	397.5±2.7
				Pragian	407.0±2.8
				Lochkovian	411.2±2.8
		Silurian	Pridoli		416.0±2.8
			Ludlow	Ludfordian	418.7±2.7
				Gorstian	421.3±2.6
			Wenlock	Homerian	422.9±2.5
				Sheinwoodian	426.2±2.4
			Llandovery	Telychian	428.2±2.3
				Aeronian	436.0±1.9
				Rhuddanian	439.0±1.8
		Ordovician	Upper	Hirnantian	443.7±1.5
				katian	445.6±1.5
				Sandbian	455.8±1.6
			Middle	Darriwilian	460.9±1.6
				Dapingian	468.1±1.6
			Lower	Floian	471.8±1.6
				Tremadocian	478.6±1.7
		Cambrian	Furongian	Stage 10	488.3±1.7
				Stage 9	~492*
				Paibian	~496*
			Series 3	Guzhangian	~499
				Drumian	~503
				Stage 5	~506.5
			Series 2	Stage 4	~510*
				Stage 3	~515*
			Terreneuvian	Stage 2	~521*
				Fortunian	~528*
					542.0±1.0

Eonothem Eon	Erathem Era	System Period	Age (Ma)
Precambrian	Proterozoic	Neo-proterozoic	542
		Ediacaran	630
		Cryogenian	850
		Tonian	1000
	Meso-proterozoic	Stenian	1200
		Ectasian	1400
		Calymmian	1600
	Paleo-proterozoic	Statherian	1800
		Orosirian	2050
		Rhyacian	2300
		Siderian	2500
	Archean	Neoarchean	
			2800
		Mesoarchean	
			3200
		Paleoarchean	
			3600
		Eoarchean	
			4000
		Hadean (informal)	~4600

図 B-4-16 ICS(International Committee of Stratigraphy)が 2009 年に発表し,批准された地質年代表 "International Stratigraphic Chart 2009".日本国内でも公認され,地質時代名とその年代の基軸となっている.

合(IUGS)に提案し,批准された.それが図 B-4-16 である.この案では,Gradstein *et al.* (2004) の境界年代値を採用しつつ,新生代は Tertiary(第三紀)という呼称を廃止して Paleogene, Neogene, Quaternary(第四紀)に三分し,Quaternary の始まりを従来の Calabrian 下限(180.6 万年前)から Gelasian 下限(258.8 万年前)に引き下げるという大きな変更がなされている.

日本国内では,この案を受けて日本地質学会地層名委員会が国内委員会を開催し,国内における地質時代名とその年代について,今後はこの ICS 2009 年版に従うことを決定した.ただし日本語では第三紀という呼称は公式には使わないとしながらも,Paleogene は従来通り古第三紀,Neogene は新第三紀と呼ぶことになった.このことは,図 B-4-16 の地質年代表とともに,地質学会 News の 2010 年 3 月号に日本地質学会拡大地層名委員会の名前で発表され,地質時代名とその年代の基軸として使われている.ICS はその後 2012 年版,2013 年版を発表しているが,2009 年版と大きくは違っていない.

(2) 地質学者にとっての年代;正しい年代・正しくない年代

「この放射年代は地質学的観察に合わないから正しい年代ではない」という議論がかつてはあった.地質学的観察に合うか合わないかが正しい年代かどうかの判定条件になるなら,初めから年代測定などしないほうがよい.理由は簡単,もし地質学的観察に合うのが正しい年代なら,地質学的観察に合う年代値は無数にあり得るので,正しい年代も無数にあることになるからである.一連の年代測定実験によって得られたデータセットのうちに「正しくない年代」のデータがある場合,その他のデータが「正しい年代」であるとみなす理由は何もない.

もし,正しくない年代というものがあるとすれば,その理由は年代測定手法や試料の選択・測定実験・データのプロセシングといっ

た一連の作業の中にのみ存在する．そうして得られた「正しくない年代」は，地質学的観察と矛盾する場合も矛盾しない場合もある．

（3） 地質学と年代学のあるべき関係

本巻のはじめに書かれているように，層序学と年代学は相補的に地質学全体を支えている．しかしそのことは，地質学者の願望に数字で応えるのが年代学の役割という意味ではない．では地質学あるいは層序学と年代学の関係はどのようにあるべきであろうか．

年代測定，特に同位体年代の測定には大がかりな設備や装置とそれに伴う専門的な技術や知識が必要なため，特に日本ではそれらは主に地球化学者の手によって支えられてきた．そのことは，野外地質の現場と年代測定の現場という分業意識を生み，お互いの分担部分の研究方式や結論に至る道筋には立ち入らない平和共存的な関係ができていったようにみえる．しかし近年になって，地質学者の中から年代測定ラボを自分で作って年代学を専門にする研究者が活躍するようになり，状況は変わってきている．

自分の守備範囲をお互いに守りつつ相手の顔を立てる妥協点を探るのは，学問研究のとるべき姿勢ではない．いたずらに好戦的な態度をとることは厳に慎むべきであるが，議論に際しては，お互いに相手の専門範囲まで踏み込んで，共に考え，ときには批判し合うことも必要と思われる．そのためには，地質学者は年代データをブラックボックスから出てきたただの数字として使うのでなく，研究者各自が年代値がどのようにして得られるのかを理解し，そのデータに依拠した地質学的な議論がどこまで可能かを判断することが重要である．

C 文献編

阿部恒平・内田淳一・長谷川四郎・藤原　治・鎌滝孝信，2004，津波堆積物中の有孔虫組成の概要について—房総半島南部館山周辺に分布する完新統津波堆積物を例にして—．地質学論集，No.58，77-86．

天野一男・秋山雅彦，2004，フィールドジオロジー入門．共立出版，154 pp.

安藤寿男・友杉貴茂・金久保　勉，2001，北海道中頓別地域における上部白亜系〜暁新統函淵層群の岩相層序と大型化石層序．地質雑，**107**，142-162．

Baadsgaard, H., 1973, U-Th-Pb dates on zircons from the early precambrian Amîtsoq Gneisses Godthaab District, West Greenland. *Earth Planet. Sci. Lett.*, **19**, 22-28.

Blow, W. H., 1969, Late Middle Eocene to recent planktonic foraminiferal biostratigraphy. In P. Brönnimann and H. H. Renz (eds.), *Internatl. Conf. Planktonic Micofossils, 1st, Geneva, 1967*, Proc., 1, 199-421.

Blow, W. H., 1979, *The Cainozoic Foraminiferida*. v. I & II, E. J. Brill, 1413pp.

Bowring, S. A., Williams, I. S. and Compston, W., 1989, 3.96 Ga gneisses from the Slave province, Northwest Territories, Canada. *Geology*, **17**, 971-975.

Cande, S. C., and Kent, D. V., 1992, A new geomagnetic polarity time scale for the Late Cretaceous and Cenozoic. *J. Geophys. Res.*, **97**, 13917-13951.

Cande, S. C., and Kent, D. V., 1995, Revised calibration of the geomagnetic polarity timescale for the Late Cretaceous and Cenozoic. *J. Geophys. Res.*, **100**, 6093-6095.

地学団体研究会（編），1996，新版地学事典，平凡社，1443 pp.

Chinzei, K., 1966, Younger Tertiary geology of the Mabechi River Valley, Northeast Honshu. Japan. *Univ. Tokyo, Fac. Sci., Jour., Sec. 2, Geology, Mineralogy, Geography, Geophysics*, **16**, 161-208.

Dalrymple, G. B. and Lanphere, M. A., 1969, *Potassium-argon dating*. Freeman & Co., 258pp.

DeJong, K., Wijbrans, J. R. and Feraud, G., 1992, Repeated thermal resetting of phengites in the Malhacen Complex (Betic Zone, southwestern Spain) shown by Ar/Ar step heating and single grain laser probe dating. *Earth Planet. Sci. Lett.,* **110**, 173-191.

Dickin, A. P., 1995, *Radiogenic isotope geology*. Cambridge Univ. Press, 452pp.

Dodson, M. H., 1973, Closure temperature in cooling geochronological and petrological systems. *Contrib. Mineral. Petrol.,* **40**, 259-274.

Dodson, M. H. and McLelland-Brown, E., 1984, Isotopic and paleomagnetic evidence for rates of cooling, uplift and erosion. *Mem. Geol. Soc. London,* **10**, 47-64.

舟木泰智・平野弘道，2004，北海道小平地域北東部の白亜系層序．三笠市立博物館紀要，No.8，17-35．

Gradstein, F. M., Ogg, J. G., Smith, A. G. *et al*., 2004, *A Geologic Time Scale 2004*. Cambridge University Press, 589pp.

Gradstein, F. M., Ogg, J. G., Smith, A. G., Bleeker, W. and Lourens, L. J., 2004, A new geologic time scale with special reference to Precambrian and Neogene, *Episodes,* **27**, 83-100.

花方　聡・本山　功・三輪美智子，2001，日本海地域における底生有孔虫 *Spirosigmoilinella compressa* の消滅と *Miliammina echigoensis* の出現の年代およびその古海洋学的意義―中新世〜鮮新世の海水準変動との関連―．地質雑，**107**，101-116．

Harland, W. B., Armstrong, R. L., Cox, A. V., Craig, L. E., Smith, A. G. and Smith, D. G., 1989, *A Geologic Time Scale, 1989*. Cambridge Univ. Press, Cambridge, 263pp.

Harrison, T. M., 1981, Diffusion of ^{40}Ar in hornblende. *Contrib. Mineral. Petrol.,* **78**, 324-331.

Harrison, T. M. and McDougall, I., 1980, Investigation of an intrusive contact, northwestern Nelson, New Zealand --- I. Thermal, chronological and isotope constraints. *Geochim. Cosmochim. Acta,* **44**, 1985-2003.

Hasegawa, S., 1979, Foraminifera of the Himi Group, Hokuriku Province, central Japan. *Tohoku Univ., Sci. Rep., 2nd ser.* (*Geol*.), **49**, 89-163.

長谷川四郎・小林博明，1986，能登半島南部上部新生界の地質．その１．富山

県氷見市付近の岩相層序区分と層模式 (stratotype). 北村　信教授記念地質学論文集, 91-111.

長谷川卓・西　弘嗣・岡田尚武・坂本竜彦・Beaufort, L.・Giraud, F.・Friedrich, O.・古川麻里子・川幡穂高・大河内直彦・高嶋礼詩・黒柳あずみ・山村　充・勝田長貴, 2002, 白亜紀の海洋無酸素事変（OAE 1 b）の高分解能解析. 月刊地球, **24**, 454-460.

平田岳史・Nesbitt, R. W., 1994, Laser-Probe-ICP-MS を用いたジルコンのウラン-鉛年代測定. 地質ニュース, No.482, 53-65.

池辺展生, 1949, 富山県西部及石川県東部の第三紀層（富山県及石川県の地質学的研究 1）. 地学, No.1, 14-26.

今井　功・坂本　亨・野沢　保, 1966, 邑知潟・虻ガ島地域の地質. 地域地質研究報告（5万分の1地質図幅）, 地質調査所, 72 pp.

今井　登・下川浩一, 1988, ESR 年代測定法. 地質学論集, No.29, 59-72.

Itaki, T. and Hasegawa S., 2000, Destruction of radiolarian shells during sample drying and its effect on apparent faunal composition. Micropaleontology, **46**, 179-185.

Itaya, T. and Takasugi, H., 1988, Muscovite K-Ar ages of the Sanbagawa schists, Japan and argon depletion during cooling and deformation. *Contrib. Mineral. Petrol.*, **100**, 281-290.

Itaya, T., Doi, M. and Ohira, T., 1996, Very low potassium analysis by flame photometry using ultra low blank chemical lines: an application of K-Ar method to ophiolites. *Geochem. J.*, **30**, 31-39.

Jäger, E., 1979, Introduction to geochronology. In Jager, E. and Hunziker, J. C. (eds.) *Lectures in isotope geology*. Springer, 1-21.

上岡　晃, 2001, 固体元素の質量分析（同位体測定）法. 加藤碵一・脇田浩二・今井登（編）, 地質学ハンドブック, 朝倉書店, 184-187.

兼岡一郎, 1998, 年代測定概論. 東大出版会, 315 pp.

唐木田芳文・早坂祥三・長谷義隆（編）, 1992, 日本の地質 9 九州地方. 共立出版, 372 pp.

化石研究会（編）, 2000, 化石の研究法：採集から最新の解析法まで. 共立出版, 388 pp.

加藤　誠・勝井義雄・北川芳男・松井　愈（編）, 1990, 日本の地質 1 北海道

地方．共立出版，337 pp．

Kennett, J. P., and Srinivasan, M. S., 1983, *Neogene Planktonic Foraminifera*. Hutchinson Ross Publ. Co., 265pp.

木村敏雄・竹内　均・片山信夫・森本良平(編)，1973，新版地学事典．第3巻，古今書院，799 pp．

Kirschvink, J.L, 1980, The least-squares line and plane and the analysis of paleomagnetic data. *J. Roy. Astron. Soc.,* **62**, 699-719.

小玉一人，1999，古地磁気学．東京大学出版会，248 pp．

Luck, J. M. and Allegre, J. C., 1982, The study of molybdenites through the ^{187}Re-^{187}Os chronometer. *Earth Planet. Sci. Lett.,* **61**, 291-296.

Lund, P. L., Williams, T., Acton, G. D., Clement, B. and Okada, M., 2001, Brunhes chron magnetic field excursions recovered from Leg 172. *Proc. ODP, Sci. Results, 172* : College Station, TX (Ocean Drilling Program), Chapter 11, 20pp.

Ludwig, K., 1999, *Isoplot/Ex. A Geochronological Toolkit for Microsoft Excel*. Berkeley, CA, Berkeley Chronology Center, Spec. Publ. **1a**.

町田　洋ほか(編)，2003，第四紀学．朝倉書店，336 pp．

米谷盛寿郎・井上洋子，1973，微化石研究のための効果的岩石処理法について．化石，Nos.25/26，87-96．

Maruyama, T., 1984, Miocene diatom biostratigraphy of onshore sequences on the Pacific side of Northeast Japan, with reference to DSDP Hole 438A (Part 2). *Tohoku Univ., Sci. Rep., 2nd ser.* (*Geol*.), **55**, 65-122.

松本哲一・宇都浩三・柴田　賢，1988，歴史溶岩のアルゴン同位体比―若い火山岩の K-Ar 年代測定における初生値補正の重要性．質量分析，**37**，353-363．

Matsunaga, T, 1963, Benthonic smaller foraminifera from the oil fields of northern Japan. *Tohoku Univ., Sci. Rep., 2nd ser.* (*Geol*.), **35**, 65-122.

Mikoshiba, M. U., Takahashi, Y., Takahashi, Y., Kausar, A. B., Khan, T., Kubo, K. and Shirahase, T., 1999, Rb-Sr isotopic study of the Chilas Igneous Complex, Kohistan, northern Pakistan. *Geol. Soc. Am. Spec. Pap.,* **328**, 47-57.

Moorbath, S., O'Nions, R. K., Pankhurst, R. J., Gale, N. H. and McGregor,

V. R., 1972, Further rubidium strontium age determinations on the very early Precambrian rocks of the Godthaab district, West Greenland. *Nature,* **240**, 78-82.

本山 功・藤原 治・海保邦夫・室田 隆, 1991, 北海道大夕張地域の白亜系の層序と石灰質微化石年代. 地質雑, **97**, 507-527.

長尾敬介・板谷徹丸, 1988, K-Ar法による年代測定. 地質学論集, No.29, 5-21.

Nakai, S., Shimizu, H. and Masuda, A., 1986, A new geochronometer using lanthanum-138. *Nature,* **320**, 433-435.

中島 隆, 2002, 全岩アイソクロン年代の問題点. 日本地質学会第109年学術大会講演要旨, 26.

Nakajima, T., Kamiyama, H., Williams, I. S. and Tani, K., 2004, Mafic rocks from the Ryoke belt, southwest Japan: implications for Cretaceous Ryoke/San-yo granitic magma genesis. *Trans. Royal Soc. Edinburgh, Earth Science,* **95**, 249-263.

中村俊夫, 2003, 放射性炭素年代測定法と暦年代較正. 松井 章(編), 環境考古学マニュアル, 同成社, 301-322.

中村俊夫・中井信之, 1988, 放射性炭素年代測定法の基礎―加速器質量分析法に重点をおいて. 地質学論集, No.29, 83-106.

中村俊夫・丹生越子・小田寛貴, 1999, 加速器質量分析による高精度^{14}C年代測定. 月刊地球, 号外 No.26, 14-22.

日本地質学会, 1952, 日本地質学会地層命名規約 (1952.2.18). 地質雑, **58**, 112.

日本地質学会, 2000, 日本地質学会地層命名の指針. 日本地質学会 News, **3**, 3.

日本地質学会 (訳編), 2001, 国際層序ガイド―層序区分・用語法・手順へのガイド―. 共立出版, 238 pp.

日本の地質増補版編集委員会(編), 2005, 日本の地質増補版. 共立出版, 374 pp.

小田啓邦, 2005, 頻繁に起こる地磁気エクスカーション. 地学雑誌, **114**, 174-193.

Oda, M., 1977, Planktonic foraminiferal biostratigraphy of the Late Cenozoic Sedimentary Sequence, Cetnral Honshu, Japan. *Tohoku Univ., Sci. Rep., 2nd ser. (Geol.)*, **48**, 1–72.

尾田太良・酒井豊三郎, 1977, 旗立層中・下部の微化石層位一浮遊性有孔虫・放散虫一. 藤岡一男教授退官記念論文集, 441–456.

Odin, G. S., 1984, Geological time scale (1984). *C. R. Acad. Aci. Paris*, **318**, Ser. II, 59–71.

Okada, Ha., 1983, Mesozoic arc-trench systems in Hokkaido, Japan. In Hashimoto, M. and Ueda, S. (eds.), *Accretion Tectonics in the Circum-Pacific Regions*, 107–122, Terra Pub., Tokyo.

Okada, Hi. and Bukry, D., 1980, Supplementary modification and introduction of code numbers to the low-latitude coccolith biostratigraphic zonation (Bukry, 1973；1975). *Marine Micropaleont.*, **5**, 321–325.

Okamoto, K., Shinjoe, H., Katayama, I., Terada, K. and Sano, Y., 2004, SHRIMP U-Pb dating of quartz-bearing eclogite from the Sanbagawa Belt, southwest Japan：Implications for metamorphic evolution of subducted protolith. *Terra Nova*, **16**, 81–89.

大森昌衛・端山好和・堀口万吉(編)1986, 日本の地質3 関東地方. 共立出版, 336 pp.

大村明雄, 1988, ウラン系列年代測定法. 地質学論集, No.29, 107–127.

小嶋 稔・兼岡一郎, 1976, 岩波講座地球科学第6巻「地球年代学」, 岩波書店, 255 pp.

Patchett, P. J. and Tatsumoto, M., 1980, A routine high-precision method for Lu-Hf isotope geochemistry and chronology. *Contrib. Mineral. Petrol.*, **75**, 263–267.

坂本竜彦, 2002, 堆積リズムと古海洋変動. 月刊地球, **24**, 410–415.

Salvador, A., 1994, *International Stratigraphic Guide --A Guide to Stratigraphic Classification, Terminology, and Procedure, 2nd ed*. I.U.G.S. and GSA, xix+214pp.

Saito, K. and Ozima, M., 1977, ^{40}Ar–^{39}Ar geochronological studies on submarine rocks from the western Pacific area. *Earth Planet. Sci. Lett.*, **33**, 353–369.

斎藤常正, 1978, 層序学と地質編年. 小嶋 稔・斎藤常正編, 岩波講座地球科

学第 6 巻「地球年代学」, 第 7 章, 岩波書店, 175-245.

斎藤常正, 1999, 最近の古地磁気層序の改訂と日本の標準微化石層序. 石油技術協会誌, **64**, 2-15.

佐藤比呂志, 1986, 東北地方中部地域（酒田—古川間）の新生代地質構造発達史. 東北大学理学部地質学古生物学教室研究邦文報告, No.88, 1-32 ; No. 89, 1-45.

Shibata, K. and Mizutani, S., 1980, Isotopic ages of siliceous shale from Hida-Kanayama, central Japan. *Geochem. J.,* **14**, 235-241.

Shiraishi, K., Ellis, D. J., Hiroi, Y., Fanning, M., Motoyoshi, Y. and Nakai, Y., 1994, Cambrian orogenic belt in East Antarctica and Sri Lanka : Implications for Gondwana assembly. *J. Geol.* **102**, 47-65.

Steiger, R. A. and Jäger, E., 1977, Subcommission on Geochronology—convention on the use of decay constants in geo- and cosmochemistry. *Earth Plan. Sci. Lett.,* **36**, 359-362.

Suzuki, K. and Adachi, M., 1991, Precambrian provenance and Silurian metamorphism of the Tsubonosawa paragneiss in the South Kitakami terrane, Northeast Japan, revealed by chemical Th-U total Pb isochron ages of monazite, zircon and xenotime. *Geochem. J.,* **25**, 357-376.

鈴木和博・足立　守・加藤丈典・與語節生, 1999, CHIME 年代測定法とその造山帯形成過程解析への応用. 地球化学, **33**, 1-22.

高見美智夫・磯崎行雄・西村祐二郎・板谷徹丸, 1993, 弱変成付加体の K-Ar 年代測定における砕屑性白雲母の混入と接触変成作用の影響—山口県東部ジュラ紀付加体の例. 地質雑, **99**, 545-563.

高柳洋吉（編）, 1978, 微化石研究マニュアル. 朝倉書店, 161 pp.

Taketani, Y., 1982, Cretaceous Radiolarian biostratigraphy of the Urakawa and Obira areas, Hokkaido. *Tohoku Univ., Sci. Rep., 2nd ser. (Geol.),* **52**, 1-76.

Tanaka, T. and Masuda, A., 1982, The La-Ce geochronometer—a new dating method. *Nature,* **300**, 515-518.

Tatsumi, Y., Kani, T., Ishizuka, H., Maruyama, S. and Nishimura, Y., 2000, Activation of Pacific mantle plumes during the Carboniferous : evidence from accretionary complexes in SW Japan. *Geology,* **28**, 580-582.

Tera, F. and Wasserburg, G. J., 1972, U-Th-Pb systematics in three Apollo 14 basalts and the problem of initial Pb in lunar rocks. *Earth Planet. Sci. Lett.,* **14**, 281–304.

Ueno, K., 1992, Verbeekinid and Neoschwagerinid Fusulinaceans from the Akiyoshi Limestone Group above the Parafusulina kaerimizensis Zone, Southwest Japan. *Trans. Proc. Palaeontol. Soc. Japan, N. S.,* No.165, 1040–1069.

Wetherill, G. W., 1956, Discordant uranium-lead ages. *Trans. Am. Geophys Union,* **37**, 320–326.

Yanagisawa, Y. and Akiba, F., 1998, Refined Neogene diatom biostratigraphy for the northwest Pacific around Japan, with an introduction of code numbers for selected diatom biohorizons. *J. Geol. Soc. Japan,* **104**, 395–414.

Yokoyama, K. and Zhou, B., 2002, Preliminary study of ages of monazites in sand from the Yangtze River. *Nat'l. Sci. Museum Monograph,* No.22, 83–88.

York, D., 1966, Least-squares fitting of a straight line. *Can. J. Phys.,* **44**, 1079–1086.

York, D., 1969, Least-squares fitting of a straight line with corrected errors. *Earth Palnet. Sci. Lett.,* **5**, 320–324.

索　引

ア

アイオニウム　*132*
アイソクロン　*122*
アイソダイナミック・セパレーター　*140*
亜層群　*11,52*
アニーリング温度　*136*
亜バイオゾーン　*14*
アルゴン-アルゴン年代　*119*
安定同位体　*30*

イ

イオンプローブ・マイクロアナライザー　*128*

ウ

ウラン-トリウム-鉛年代　*125*

エ

エラクロン　*151*

オ

大型化石　*17*
親核種　*31*

カ

界　*23*
階　*23*
壊変系列　*125*
壊変定数　*31*
化学残留磁化　*108*

キ

鍵層　*23*
拡散　*144*
拡散係数　*144*
核種　*30*
角度標準偏差　*112*
荷重痕　*41*
過剰アルゴン　*118*
加速器質量分析計　*135*
カリウム-アルゴン年代　*117*
間隔帯　*16,99*
岩相層序　*13,36*
岩相層序区分　*9*

キ

紀　*23*
期　*23*
擬アイソクロン　*152*
基準面　*14*
気体型質量分析計　*33*
級化成層　*6,41*
境界模式層　*54*
共存区間帯　*15,99*
極性反転　*26*

ク

区間帯　*15*
クロン　*27*
群集帯　*16,99*

ケ

系　*23*
傾斜　*38*

傾斜不整合　*12*
傾動補正　*110*
系列帯　*16, 99*

コ

較正暦年代　*134*
鉱物アイソクロン　*123*
交流消磁　*109*
国際層序委員会　*10*
国際層序区分小委員会　*10*
国際地質科学連合　*10*
誤差　*153*
コンコーディア　*125*
混合線　*152*
コンタミ　*76*
コンボリュート葉理　*41*

サ

最終出現面　*14*
サブクロン　*27*
サマリウム-ネオジム年代　*123*
皿状構造　*41*

シ

示相化石　*19*
示準化石　*19*
自然残留磁化　*107*
質量分析計　*32*
指標　*23*
斜交葉理　*41*
重液　*141*
SHRIMP　*130*
初源水平の法則　*8*
初出現面　*14*

ス

スピナー磁力計　*107*

スメアスライド　*84*

セ

世　*23*
整合　*12*
生痕化石　*41*
生層準　*14*
生層序　*14, 60*
生層序区分　*13*
全岩アイソクロン　*123*
全溶融年代　*119*

ソ

層　*11, 52*
層群　*11, 52*
走向　*38*
層序学　*3*
層理　*6*
層理面　*6*

タ

代　*23*
堆積残留磁化　*108*
第四紀　*158*
タクソン　*14*
タクソン区間帯　*15*
多産帯　*17*
タッピング　*144*
タービダイト　*5*
段階加熱　*119*
段階消磁　*109*
単元模式層　*54*
単層　*7, 11, 52*
炭素同位体年代　*134*

チ

地質図　*9*

地質柱状図　*9*
地質年代学　*30*
地質年代尺度　*154*
地質年代表　*154*
地磁気　*25*
地磁気エクスカーション　*26*
地磁気極　*25*
地磁気極性年代尺度　*27*
地磁気の逆転　*26*
地軸双極子　*26*
地層累重の法則　*8*
CHIME 年代　*131*
超層群　*11, 52*
超伝導磁力計　*107*

テ

ディスコーディア　*125*
デカント　*92*
電子スピン共鳴年代　*137*

ト

統　*23*
同位体　*30*
等温残留磁化　*109*
特性磁化ベクトル　*110*
トラック消滅温度　*136*

ナ

鉛-鉛年代　*128*

ニ

二次イオン質量分析計　*129*

ネ

熱残留磁化　*108*
熱消磁　*109*
熱年代学　*145*

熱ルミネッセンス年代　*137*
粘性残留磁化　*109*
年代層序区分　*22*
年代測定　*31*

ノ

ノンコンフォミティー　*13*

ハ

バイオゾーン　*14*
パラコンフォミティー　*13*
半減期　*31*
万国地質学会議　*155*

ヒ

非整合　*13*
微化石　*17*
微化石年代　*20*
表面電離型質量分析計　*33*

フ

フィッショントラック年代　*136*
不一致年代　*125*
不整合　*12*
部層　*11, 52*
プラトー年代　*119*

ヘ

平行不整合　*13*
閉止温度　*144*

ホ

放射壊変　*30*
放射性同位元素　*30*
放射性同位体　*30*
放射年代　*30*

ム

無産出区間　*97*
娘核種　*31*
無整合　*13*

モ

モデル年代　*122*

ユ

誘導結合プラズマ質量分析計　*131*

ヨ

葉理　*6*

ラ

ランタン-セリウム年代　*137*
ランタン-バリウム年代　*137*

リ

流痕　*41*

ル

累界　*23*
累層群　*11, 52*
累代　*23*
ルテシウム-ハフニウム年代　*137*
ルビジウム-ストロンチウム年代　*121*

レ

冷却曲線　*145*
レーザー照射型 ICP 質量分析計　*131*
レニウム-オスミウム年代　*138*

漣痕　*38*

ロ

漏斗状構造　*41*

A

accelerator mass spectrometer *135*
acme zone *17*
age *23*
age determination *31*
alternating field demagnetization *109*
anealing temperature *136*
angular standard deviation *112*
angular unconformity *12*
^{40}Ar-^{39}Ar age *119*
assemblage zone *16*, *99*
axial dipole *26*

B

barren interval *97*
bed *7*, *11*, *52*
bedding plane *6*
biohorizon *14*
biostratigraphic classification *13*
biostratigraphy *14*, *60*
biosubzone *14*
biozone *14*
blocking temperature *144*
boundary-stratotype *54*

C

^{14}C age *134*
calibrated age *134*
characteristic remanent magnetization *110*
Chemical isochron method *131*
chemical remanent magnetization *108*
chron *27*
chronostratigraphic classification *22*
closure temperature *144*
columnar section *9*
concordia *125*
concurrent-range zone *15*, *99*
conformity *12*
contamination *76*
convolute lamina *41*
cooling curve *145*
CRM *108*
cross lamina *41*
current mark *41*

D

datum *14*
daughter nuclide *31*
decant *92*
decay constant *31*
decay series *125*
detrital remanent magnetization *108*
diffusion *144*
diffusion coefficient *144*
dip *38*
disconformity *13*
discordant age *125*
discordia *125*
dish structure *41*
DRM *108*

E

eon *23*

eonothem 23
epoch 23
era 23
erathem 23
errochron 151
error 153
ESR age 137
excess argon 118

F

facies fossil 19
FAD 14
first appearance datum 14
fission track age 136
formation 11, 52
funnel structure 41

G

gas mass spectrometer 33
geochronology 30
geologic map 9
Geologic time scale 154
geomagnetic excursion 26
geomagnetic field 25
geomagnetic polarity reversal 26
geomagnetic polarity time scale 27
geomagnetic poles 25
graded bedding 6, 41
group 11, 52

H

half life 31
heavy liquid 141

I

ICP-MS 131
ICS 10
IGC 155
index fossil 19
Inductively Coupled Plasma Mass Spectrometer 131
International Commission on Stratigraphy 10
International Geological Congress 155
International Subcommission on Stratigraphic Classification 10
International Union of Geological Sciences 10
interval zone 16, 99
ion-probe microanalyzer 128
ionium 132
IRM 109
isochron 122
isodynamic separator 140
isothermal remanent magentization 109
isotope 30
ISSC 10
IUGS 10

K

K-Ar age 117
key beds 23

L

La-Ba age 137
La-Ce age 137
LAD 14

lamina　6
Laser Ablation ICP-MS　*131*
last appearance datum　*14*
law of initial horizontality　*8*
law of superposition　*8*
lineage zone　*16*, *99*
lithostratigraphic classification　*9*
lithostratigraphy　*13*, *36*
load cast　*41*
Lu-Hf age　*137*

M

markers　*23*
mass spectrometer　*32*
megafossil　*17*
member　*11*, *52*
microfossil　*17*
microfossil biochronology　*20*
mineral isochron　*123*
mixing line　*152*
model age　*122*

N

natural remanent magnetization　*107*
nonconformity　*13*
nuclide　*30*

P

paraconformity　*13*
parallel unconformity　*13*
parent nuclide　*31*
Pb-Pb age　*128*
period　*23*
plateau age　*119*
progressive demagnetization　*109*
pseudo-isochron　*152*

Q

Quaternary　*158*

R

radeioactive decay　*30*
radioisotope　*30*
radiometric age　*30*
range zone　*15*
Rb-Sr age　*121*
Re-Os age　*138*
ripple mark　*38*

S

Secondary Ion Mass Spectrometer　*129*
series　*23*
SHRIMP　*130*
SIMS　*129*
Sm-Nd age　*123*
smear slide　*84*
spinner magnetometer　*107*
stable isotope　*30*
stage　*23*
step heating　*119*
stepwise demagnetization　*109*
stratification　*6*
stratigraphy　*3*
strike　*38*
subchron　*27*
subgroup　*11*, *52*
superconducting rock magnetometer　*107*
supergroup　*11*, *52*

system *23*

T

tapping *144*
taxon *14*
taxon-range zone *15*
thermal demagnetization *109*
thermal ionization mass spectrometer *33*
thermal remanent magnetization *108*
thermochronology *145*
thermoluminescence age *137*
tilt correction *110*
total fusion age *119*
trace fossil *41*
TRM *108*

turbidite *5*

U

U-Th-Pb age *125*
unconformity *12*
unit-stratotype *54*

V

VGP *113*
Virtual Geomagnetic Pole *113*
viscous remanent magnetization *109*
VRM *109*

W

whole rock isochron *123*

Memorandum

Memorandum

Memorandum

Memorandum

NDC 450 検印廃止 © 2006

フィールドジオロジー 2
層序と年代

2006 年 1 月 25 日	初版 1 刷発行
2024 年 4 月 25 日	初版 7 刷発行

編　者　日本地質学会フィールドジオロジー刊行委員会
著　者　長谷川四郎，中島　隆，岡田　誠
発行者　南條光章
発行所　**共立出版株式会社**
　　　　東京都文京区小日向 4-6-19
　　　　電話　03-3947-2511 番（代表）
　　　　郵便番号 112-0006
　　　　振替口座 00110-2-57035
　　　　URL　www.kyoritsu-pub.co.jp

印　刷
製　本　壮光舎印刷株式会社
　　　　　　　　　　　　　　　　　Printed in Japan

ISBN 978-4-320-04682-5

一般社団法人
自然科学書協会
会　員

JCOPY ＜出版者著作権管理機構委託出版物＞
本書の無断複製は著作権法上での例外を除き禁じられています．複製される場合は，そのつど事前に，出版者著作権管理機構（ＴＥＬ：03-5244-5088，ＦＡＸ：03-5244-5089，e-mail：info@jcopy.or.jp）の許諾を得てください．

フィールドジオロジー

野外で学ぶ地質学シリーズ
野外調査をふまえた研究の手引き！

全9巻

日本地質学会フィールドジオロジー刊行委員会 編
編集委員長：秋山雅彦／編集幹事：天野一男・高橋正樹

❶ フィールドジオロジー入門
天野一男・秋山雅彦著　本書を片手にフィールドに出て直接自然を観察することにより，フィールドジオロジーの基本が身につくように解説。調査道具の使用法や調査法のコツも詳しく説明。

❷ 層序と年代
長谷川四郎・中島 隆・岡田 誠著　地質現象の前後関係を明らかにするための手法である層序学と，それらの現象が地球が何歳のときに起きたかを明らかにする手法である年代学を，専門研究者が分り易く解説。

❸ 堆積物と堆積岩
保柳康一・公文富士夫・松田博貴著　堆積過程の基礎と堆積物と堆積岩から変動を読み取るための方法をやさしく解説。砂岩，泥岩，礫岩などの砕屑性堆積岩と同様に石灰岩についても十分に説明。

❹ シーケンス層序と水中火山岩類
保柳康一・松田博貴・山岸宏光著　第4巻では，第3巻で扱えなかった地層と海水準変動との関係を考察する仕方と，日本列島でのフィールド調査では避けて通れない，水中火山岩類の観察の仕方を取り上げた。

❺ 付加体地質学
小川勇二郎・久田健一郎著　付加体とは何であろうか？どのようにして，また何故できるのだろうか？どこへ行けば見られるのだろうか？というような問いに対して具体的に答える付加体地質学の入門書。

❻ 構造地質学
天野一男・狩野謙一著　露頭で認められる構造を対象として，フィールドで地質構造を認識・解析するための基礎知識を解説。構造地質学で必要とされる応力や歪といった基本概念についても必要最小限説明。

❼ 変成・変形作用
中島 隆・高木秀雄・石井和彦・竹下 徹著　変成岩の形成は，物理化学的，そして構造地質学的な2つの側面をもっている。本書ではそれらをそれぞれの専門家が「変成岩類」と「変形岩類」に分けて執筆。

❽ 火成作用
高橋正樹・石渡 明著　主に深成岩について，野外で観察できるその特徴やそれらが地下のどのようなマグマ活動を表すのか，そして地球の歴史の中で演じてきた役割を豊富な実例と最新の研究成果を示し解説。

❾ 第四紀
遠藤邦彦・小林哲夫著　新しい第四紀の定義と第四紀学のカバーする分野とともに，火山にまつわる諸現象を最近の話題をもとにわかりやすく解説しており，関連した地震や津波の研究についても紹介。

≪全巻完結≫

【各巻】　B6判・並製本・168～244頁
①，③，④，⑤，⑦，⑧，⑨巻：定価2,200円
②，⑥巻：定価2,310円
（税込価格）

（価格は変更される場合がございます）

共立出版

www.kyoritsu-pub.co.jp